一家人的小食方丛书

让女人

气血更通畅的

饮食调养书

U0307648

余瀛鳌 陈思燕◎编著

中国中医药出版社
·北京·

前言

中医药博大精深，源远流长，是中华民族无数先贤的智慧结晶，其中不仅包括治病救人之术，还蕴含修身养性之道，以及丰富的哲学思想和崇高的人文精神，在悠久的岁月里，默默守护着华夏一族的健康，为中华文明的繁荣昌盛立下了汗马功劳。

到了现代社会，科技发达，物质丰富，人类寿命普遍延长，但很多新型疾病也随之出现，给人们带来了巨大痛苦。虽然医疗技术不断创新，但疾病同样"与时俱进"，在现代医疗技术与疾病的长期"拉锯赛"中，越来越多的有识之士开始认识到——古老的中医药并没有过时，而且，在很多疑难杂症、慢性疾病的防治方面，有着不可替代的优势。

正因如此，一股学中医用中医的热潮正在世界范围内悄然兴起，很多外国朋友开始尝试用中医治病，其中不乏一些知名人士。例如在2016年里约奥运会上获得游泳金牌的天才选手菲尔普斯，就曾顶着一身拔罐后留下的痕迹参赛，着实为中医免费代言了一把。在国内，中医药的简、便、廉、验，毒副作用小，也收获了大量忠实爱好者，他们极其渴望获得大量的中医药科普知识，但是，中医药知识深奥难懂，传承普及都不容易，这一现象也造成了此领域鱼龙混杂，给广大人民群众带来了一些伤害。

鉴于此，国家中医药管理局成立了"国家中医药管理局中医药文化建设与科学普及专家委员会"，其办公室设在中国中医药出版社。其成立目的就是整合中医药科普专家力量，深度挖掘中医药文化资源，创作一系列科学、权威、准确又贴近生活的中医药科普作品，满足人民群众日益增长的中医药文化科普需求。

在委员会的指导下，我们出版了《一家人的小药方》系列丛书，市场反响热烈。如今，我们再度集结力量，出版《一家人的小食方》系列丛书。两套丛书异曲同工，遥相呼应，旨在将优秀的中医药文化传播给大众。书中选择的大都是一些简单有效、药食两用的食疗小方，很适合普通人在家自己制作；这些药膳小方有些来源于中医古籍，有些来源于民间传承，都经过了长时间的检验，安全可靠。在筛选这些药膳方子时，我们也针对现代人的体质特点和生存环境，尽量选取最能解决人们常见健康问题的方子，并且按照不同特点，分别编成8本书，以适合不同需求的人群。

为了更加直观地向人们展示这些药膳，我们摄制了大量精美图片，辅以详细的制作方法、服用注意事项。全书图文并茂，条理分明，让人们轻轻松松就能做出各种营养丰富、防病强身的药膳，只要合理搭配，长期食用，相信对大家的身心健康、家庭和睦都有巨大的帮助。

为了确保书中所载知识的正确性，我们特别邀请中医药专家余瀛鳌教授领衔编写本套丛书。余教授为中国中医科学院资深教授，曾任医史文献研究所所长，长期从事古籍整理，民间偏方、验方的搜集整理工作，有着极其深厚的学术功底，为本丛书提供了相当权威、可靠的指导。在此，我们对余教授特别致谢。

在本丛书即将出版之际，我在此对所有为本丛书编写提供指导的专家表示深深的感谢，对为本丛书出版辛苦工作的众多人员致以真切的谢意。最后，还要感谢与本丛书有缘的每一位读者。

祝愿大家永远健康快乐！

中国中医药出版社社长、总编辑　范吉平

2017年8月8日

目录

贰 气血畅
颜值高

叁 气血畅
身材棒

肆　气血畅 经血调

伍 气血畅孕产安

陆 气血畅 疾病少

柒 气血畅
心情好

女人全靠

气血养

壹

没有气血 就没有生命

中医认为，人体存在气、血及津液等精微物质，这些物质通过对身体的骨、肉、脏、腑相互作用及影响，以维持正常的生命活动，因此没有气血就没有生命。

调养手记

《黄帝内经》中说：

- ◎ "人之所有者，血与气耳。"
- ◎ "气为血之帅，血为气之母。"
- ◎ "气血聚则人生，气血和则人存，气血盈则人强，气血亏则人衰，气血竭则人亡。"

人活一口气

气是什么

　　气是人体内活力很强并且运行不息的一种精微物质，是构成人体和维持人体生命活动的基本物质之一。气存在于人体的脏腑组织，通过脏腑组织的功能活动反映出来。气运行不息，推动和调控着人体内的新陈代谢，维系着人体的生命。气的运动停止，则意味着生命的终止。可以说，人体生命的维持有赖于气。

调养手记

◎ 《难经》："气者，人之根本也，根绝则茎叶枯矣。"

◎ 《类经》："夫生化之道，以气为本，天地万物，莫不由之……人之有生，全赖此气。"

气的主要功能

推动作用：气是人体的动力之源，它激发和推动着生命的运行，促进人体生长、发育，保证人体各种生理活动和功能的正常发挥。气不足，则发育缓慢，人体早衰，脏腑功能衰弱，运化及代谢功能都会出现障碍。

温煦作用：气能调节体温，温度低时蓄热保暖，温度高时则发汗散热，使人保持体温恒定，以保障脏腑的各项功能正常运转。如果阳气不足，人就会出现畏寒怕冷、脏腑功能衰减等情况。

防御作用：气是人体的护卫者，是防病抗病的关键。气能护卫肌表，防御外邪侵犯，并将病邪驱出机体。气可以化邪、化湿、化寒、化毒、化脂、化瘤，将体内百毒"气化"，通过代谢排出体外。

固摄作用：气能对血、精、津液等液态物质起到统辖、固摄、防止流失的作用。如对唾液、汗液、胃液、肠液、尿液、经带、精液等进行固摄，调节并控制其分泌、排泄量，防止其过多流失。如果气的固摄功能减弱，就会出现月经失调、自汗、遗尿、泄泻以及各类出血症等情况。气的固摄作用还包括托举脏器，保持其稳定，气不足则容易导致各脏器下垂，如胃下垂、子宫下垂等，都是气虚的表现。

气容易出现哪些问题

气虚：正气不足，阳气虚弱，脏腑机能衰退，阴寒弥漫。脾气虚常表现为食欲不振、腹胀便溏、体倦神疲、面色萎黄、消瘦或浮肿、脏器下垂等；肺气虚常表现为气短乏力、喘促、出虚汗等；心气虚常表现为胸闷气短、心悸怔忡等。

气滞：气机阻滞不畅，常表现为食欲不振、食少腹胀、便秘以及胸胁、乳房、腹部等部位胀痛。

气郁：多因情志不舒而致气机郁结，常表现为抑郁烦闷、多愁忧愤、失眠、食少等。长期气郁会导致血液循环不畅，形成血瘀，引发多种疾病。

气逆：气机升降失调，气不降反而上逆，常表现为头晕脑胀、头痛易怒、泛酸、恶心呕吐、咳喘等。

气陷：在气虚的基础上出现气的升举无力状况，常表现为头晕倦乏、精神不振、面色萎黄、腹部坠胀、脏器下垂、脱肛等。

养正气，祛邪气

气分正气和邪气。只要身体里正气充沛，邪气就进不了身体，正所谓"正气存内,邪不可干"。所以，防范疾病的根本就是养护好一身正气。正气充足则抗病力强，即使有外邪侵犯也不致发病；正气不足则抗病力弱，外邪容易入侵而发生疾病。一旦发病，正气与邪气的强弱决定了疾病的发展：正气强于邪气，则邪气不能深入，疾病很快自愈；正气弱于邪气，则邪气由浅入深，疾病日益加重。

邪气

邪气指人体内外一切不正之气，泛指各类致病因素。因来源不同又分为外邪和内邪。

内邪：是由正气失和而产生，如内风、内寒、内湿、内燥、内火、滞气、逆气、瘀血、痰饮、七情太过、劳逸等。

外邪：即外界不正之气，六淫（风、寒、暑、湿、燥、火）、疫疠之气。

营气和卫气

共同组成了人体的运作和防卫免疫系统

阳气：分布于脏腑，构成脏腑阳气，运行于经络，有推动、温煦作用，主升、出、散、开、宣、动、化等，组成卫气。

阴气：分布于脏腑，构成脏腑阴气，运行于经络，包括精气、血气、津液之气，有濡养、凉润作用，主降、入、敛、合、纳、静、藏等，组成营气。

正气

正气指真气、元气，是构成人体各种活性物质的统称，也可以理解为人体的生理机能，表现为对外界环境的适应能力、抗邪能力以及康复能力。正气主要包括阳气、阴气。

人靠血滋养

血通过气的推动，循着经脉运行于全身，内至五脏六腑，外达皮肉筋骨，为人体各脏腑、经络的正常生理活动提供营养。

血的主要功能

滋养作用：血在脉中循行，不断地对全身各脏腑起着营养和滋润的作用。若血虚失养，便会出现头晕目眩、面色无华、毛发干枯、肌肤干燥、四肢麻木等症。

养神作用：血与神志活动有密切关系。只有血液充足，才能保持神志清晰，思维敏捷；血虚则会出现烦躁、惊悸、失眠、多梦、健忘，甚至神志恍惚、谵妄、昏迷等症。

血容易出现哪些问题

血虚：血虚一般表现为面色苍白或萎黄，嘴唇和指甲苍白，眩晕耳鸣，心悸怔忡，失眠健忘，或月经延期、量少色淡，甚至闭经。

血瘀：由于气滞或寒凝血脉造成的瘀血阻滞，常表现为胸胁痛、脘腹胀痛、乳房胀痛、头痛、瘀肿疼痛、疮疡肿痛、月经不调、痛经、闭经以及妇科囊肿、结节、肿瘤等。

血热：血热多是由于阴虚内热造成的，常表现为身热、心烦不眠、疮疡肿痛及各类出血证。

气血互生，相互依存

血为气之母，气为血之帅

气与血在人体内各有不同作用，而又是互相滋生、互为依存的。气足则血行畅顺，血足则气行健旺，可以说是"一荣俱荣，一损俱损"。

血没有气的统领和推动，就无法到达身体需要的地方；气没有血作为基础，就变成了身体里的邪火，不能传递到全身各个脏腑。气与血任何一方的长期亏损，都将导致另一方的亏虚。所以，气血往往同亏，而在补益时也常常需要同补。"有形之血不能自生，生于无形之气"，所以补血时常要同时补气，"气血双补"才能见效。

阴阳调和才能气血通畅

血 为阴，主静

为阳，主动 气

气血良好的基本条件

1

气血要充盈，
不能亏虚

亏虚就是不足，气不足、血不足或气血两亏，使人体失去了健康的物质基础，必须及时补益。

2

气血要畅通，
不能瘀滞

气不足则推动无力，气太过则滞留窜痛，都易造成血瘀，久滞必瘀，引发疾病，因此，气血不仅要充足，还要动起来。

女人以气血为本

气血对女人尤其重要。女性的一生要经历经、孕、产、乳等过程，气血损耗相当大，并且内分泌系统会发生周期性的剧烈变化，这些都会使身体发生相应的改变，使女性更容易出现气血亏虚的状况。因此，注重气血调养是女人一生的功课，它不仅关系到女性的面容、体型、衰老程度，还对女性的健康状况有直接影响。可以说，女人健康、美丽的根本都在于气血。而气血的充盈、调和与饮食又有很大关系，所以唐代孙思邈的《千金要方》说"安身之本，必资于食"。说明饮食调养的重要性。

察颜观色，气血养出好容颜

气血充盈畅达，是女人容颜娇美、青春常驻的真正秘诀。健康之美是整容、化妆等外在技术无法达到的自然美状态，也是血脉运转良好、正气充足、没有疾病的体现。而气血不足时，气血难以滋养头目，上荣于面，必然会出现面色不佳、皮肤粗糙、毛发枯黄、早衰易老等问题，影响容颜。

头发：气血旺盛者头发浓密，乌黑亮泽，气血不足者发量少，头发多枯黄、分叉、脆弱易断，或早白、脱发严重。

眼睛：气血顺调者眼睛灵动有神，气血虚弱或瘀滞者多眼睛干涩、眼神黯淡、目光呆滞、视物昏花，常见眼袋、黑眼圈等问题。

嘴唇：气血佳者嘴唇丰盈饱满，血色充盈，有自然的红润，气血不佳者则嘴唇干皱、唇色苍白或青黑暗紫，没有血色。

面色、皮肤：气血充足者面色光泽红润，皮肤柔滑细致，不论肤色深浅，都明亮鲜活，光彩照人。而气血不足者多面色萎黄或苍白、黯沉，没有血色及光泽，皮肤有粗糙、干痒、多皱、松弛老化等早衰迹象，给人疲惫、憔悴之感，气血瘀滞者则多有瘀斑，如常见的黄褐斑，严重影响颜值。

身材适中，
体形胖瘦看气血

好气血的女人骨骼强壮、肌肉丰满、骨肉均匀，身材适中，不胖不瘦。

体形偏胖要补气

胖人一般气虚者居多，体内阳气不足，新陈代谢缓慢，就容易有痰、湿积聚，不易去除，造成水液及脂肪的代谢障碍，从而造成肥胖、水肿。肥胖严重的女性多有内分泌失调，会引起月经不调、不孕等，往往高发妇科疾病。体形偏胖者常需要补气，以推动机体运作，代谢的功能增强了，体形自然正常了。所以说，补气是减肥的有效方法。

体形偏瘦要补血

体形偏瘦者代谢过于旺盛，或精力、体力消耗较大，往往阴血不足，容易出现阴虚火旺、内热亢奋等状况，造成内分泌失调、免疫力下降，故瘦弱的女性常出现闭经、不孕、早衰。因此，偏瘦的女性应注意养阴补血，不仅能使人珠圆玉润，更重要的是能增强体质，延缓衰老。

月经顺畅，
气血状况晴雨表

女性以血为本，月经的状况是衡量女性气血状况的晴雨表。月经规律、顺畅的女性一般气血充盈、畅达，健康状况良好，容颜美丽，情绪稳定。而气血不足或瘀滞可造成人体内分泌紊乱，直接表现为月经不规律、经色或经量异常、容易痛经，甚至闭经，并常伴有性欲冷淡、心情烦躁、疲惫乏力、容颜早衰等问题，对女性健康有很大的危害。

由于女性每月一次的经血来潮，失血较多，也因此形成了女性的造血及自我修复能力更强的特点，所以女性的血色素普遍高于男性，就是一种自我保护的反应。也正是由于女性的身体每月都通过月经来自我调整，及时修复，并对身体的不良状况发出相应的警示，使得月经成为了女性的"守护神"。绝经之前的女性，心血管疾病、糖尿病、肿瘤等的发病率均明显低于同龄男性，而绝经之后，发病率就会大幅提高。

女性的月经一旦出现异常，就说明气血状况出现了问题，此时如能及时调整，重点在补肾气、养肝血、健脾胃，调整寒热并疏解肝气瘀滞、活血化瘀，就能调畅经血，全面改善女性健康。

手脚冰凉，寒湿偏重补阳气

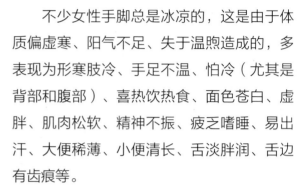

不少女性手脚总是冰凉的，这是由于体质偏虚寒、阳气不足、失于温煦造成的，多表现为形寒肢冷、手足不温、怕冷（尤其是背部和腹部）、喜热饮热食、面色苍白、虚胖、肌肉松软、精神不振、疲乏嗜睡、易出汗、大便稀薄、小便清长、舌淡胖润、舌边有齿痕等。

这类表现者多为体内寒气偏重、脾虚、湿邪内郁、阳气偏虚，易患痰饮、咳喘、肿胀、泄泻、寒湿痹痛等证，女性还容易痛经、宫寒不孕、容颜早衰。

阳虚体质的女性重在补阳气，要切记"宜温暖，忌寒冷"的原则。

- 要多在阳光充足时，适当地进行户外活动，避免在阴暗、潮湿、寒冷的环境下长期工作和生活。
- 锻炼时间最好选择春夏季节，以振奋、促进阳气的生发和流通。
- 夏季暑热多汗，易致阳气外泄，要尽量避免强力劳作，出汗过多，贪凉饮冷。
- 秋冬季节要暖衣温食，以养护阳气，尤其要注意腰部和下肢的保暖。
- 饮食上，多吃温热食物，忌生冷寒凉。
- 按摩、艾灸、泡足也是很好的助升阳气的方法。

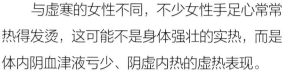

内热烦躁，阴血亏虚重养阴

与虚寒的女性不同，不少女性手足心常常热得发烫，这可能不是身体强壮的实热，而是体内阴血津液亏少、阴虚内热的虚热表现。

虚热者除了手足心热外，还常有身体燥热、面色潮红、眼睛干涩、口燥唇干、头痛咽肿、口渴喜冷饮、大便干燥、小便少且黄、眩晕耳鸣、烦躁失眠、潮热盗汗、舌红苔少等状况。

阴虚和血虚常相伴而生，此类女性多形体消瘦、情绪烦躁、贫血、面色苍白或萎黄、皮肤干皱、容颜早衰、月经延期、经少色淡、甚至闭经。

阴虚内热体质的女性重在养阴补血，清热润燥，静心安养。

- ◎ 日常生活中"宜静养，忌熬夜"。中医认为，"动能助阳，静能养阴"，疲劳、熬夜都是暗耗阴血的重要因素。
- ◎ 人们常说"美人是睡出来的"，保证充足的睡眠、提高睡眠质量，是阴血亏虚者最好的保养方法。
- ◎ 阴虚内热的女性往往容易上火，性情急躁，心烦易怒，应注意保持平和的心态，学会及时转移不良情绪。
- ◎ 饮食上，注意多吃生津液、益气血的食物，如鸭肉、鱼肉、豆腐、牛奶、燕窝等，以补血养阴、生津润燥。忌辛辣刺激、温热香燥的食物，以免耗伤津液，加重燥热。

体弱多病，提高免疫护正气

气虚体质者可以用"体弱多病"来形容，防病、抗病及病后恢复能力均较差。这是由于体内正气不足、气息低弱、脏腑功能状态低下，容易因外邪侵袭或内邪气盛而导致多种疾病发作。正所谓"邪之所凑，其气必虚"。也就是说，邪气之所以侵入人体而致病，是因为人体的正气不足，不足以抗邪，故邪气就显得强盛。

气虚主要表现为气短懒言、动则喘息、精神不振、体倦疲乏、不耐劳作、肌肉松软下垂、易出虚汗、便溏、水肿、脱肛、食欲不振、脘腹胀满等症状。气虚的女性除了容易体形肥胖外，因气不足以固摄血液，还容易出现月经先期、经量多、色淡、非经期出血、神疲肢软等状况。

气虚体质者要特别注意补气养血，提高免疫力，增强体质。

- 在饮食上，多吃补益脾气、肾气、肺气的食物，忌油腻、辛辣、苦寒及容易破气、耗气、散气的食物。
- 日常生活中应注意保暖，切忌劳作出虚汗后受风。
- 可选择一些比较柔缓的健身运动，如慢跑、步行、太极拳等，以流通气血，改善体质。

怀孕产后，
调养气血关键期

25～35岁的女性身心成熟、气血旺盛，生殖系统最为活跃，是孕产的最佳时期。而女性特有的怀孕、分娩、哺乳等生理过程都会耗损大量的气血，如果不注重补养气血，容易造成日后气血亏虚，从而影响体质。因此，从备孕开始，一直到产后哺乳期，都是女性调养气血的关键时期。

备孕期间，如果女性的气血不足，容易出现宫寒、月经不调，导致难以受孕。

十月怀胎时，孕妇不但自身需要充足的气血滋养，胎儿也全依赖母亲的气血供养，一旦气血不足，就容易出现贫血、水肿、流产滑胎、早产、胎儿先天不足等问题。

分娩时体力消耗过大、失血过多或剖宫产，都容易引起贫血、气血两亏的情况。严重者易出现产后身体恢复慢、乳汁不足、产后抑郁等产后综合征。

产后哺乳期的母亲更需要补益气血，因乳汁全赖气血化生，长时间的哺乳对身体的损耗很大，补益不足容易透支健康，出现筋骨酸软、白发、脱牙等早衰现象。

女性在孕产期气血调养得当，不仅有益孩子的健康，更可为中年阶段的健康保驾护航，让身体素质甚至比怀孕前更好。所以，千万不要错过孕产期这个调养气血的最佳时期。

更年调养，
妇科疾病不上门

45～55岁处于更年期前后，女性的月经逐渐停止，体内雌激素陡降，人体原有的平衡被打破，内分泌紊乱，加上这个年龄容易出现肝肾不足、心肾不交等问题，导致女性更年期综合征十分常见。

更年期综合征一般表现为潮热、多汗、烦躁或抑郁，并常伴有胸闷眩晕、失眠心悸、疲劳倦怠、腰背酸痛、骨质疏松等问题，身材明显变得肥胖，体态逐渐沉重下坠，衰老的步伐加速了，开始出现皮肤和肌肉松弛、头发变白脱落、牙齿松动、骨质疏松、视力减退等情况，高血压、高血脂、心脏病等疾病也开始多发。

此外，一些妇科疾病也常常在这个时期乘虚而入，如阴道炎、宫颈癌、卵巢癌、子宫内膜癌、乳腺癌等，这都与气血亏虚以及激素水平的变化有一定关系。

一般来说，平稳度过了更年期，人体逐渐适应了体内的激素变化，进入一个新的平衡阶段之后，女性的衰老速度会逐渐减缓。因此，更年期养好气血，对女性老年阶段的健康状况有非常大的影响。

女性更年期调养重点是益气补血、滋养肝肾、疏肝解郁、养心安神。

- 多吃一些养阴益血、延缓衰老的食物，尤其是富含植物雌激素的大豆类制品，多饮牛奶。
- 日常生活中要坚持适度的锻炼，以促进气血运行，多晒太阳，及时补钙。
- 调节情绪，远离各类负能量，保持心情平和。
- 定期体检（加强妇科检查），预防老年疾病及妇科病。

心平气和，妇人之病多气生

女人一般比较感性，容易抑郁不畅、敏感多疑、生闷气，从而造成气机郁滞，出现神经衰弱、心烦失眠、精神疲惫、胸胁及乳房胀痛、胸闷心悸、食欲不振等症状。长期气郁不舒，易致百病丛生，且难以治愈，因此有"妇人之病多气生"之说。

气郁的女性多形体偏瘦，性格较为压抑、内向、不稳定，也有部分女性偏亢奋，激惹易怒或喜怒无常，对精神刺激的适应能力较差，在阴雨天尤为明显。

了解女性容易气郁的心理，在调养时就更要注重疏肝解郁、养心安神、活血化瘀，首先让心平和下来，把气理顺了，让气机调和，血脉畅行，就能防止情志过度而转化为邪气伤身。

"心病还需心药医"，女性心理方面的调养是关键，应心平气和地面对生活，最忌生闷气，有不良情绪时要想办法及时化解，以防过极。多参加户外活动和社会交往，也有助于放松身心、和畅气血、减少忧郁。

调养手记

《女科百问》："气和则生，气戾则病。结为积聚，气不舒也。逆为狂厥，气不降也。宜通而塞则为痛，气不达也……内经曰，怒则气上，喜则气缓，悲则气消，恐则气下，寒则气收，热则气泄，劳则气耗，思则气结，惊则气乱。九气不同，故妇人之病，多因气之所生也。"

五脏滋养 全靠气血

心、肝、脾、肺、肾，为人体的五脏。五脏全靠气血的滋养，才能阴阳平衡、各司其职、和谐运作，五脏调和，人体自然会健康强壮，气血通畅。

五脏的健康状况往往会通过外表反映出来，五脏气血调和的女性肌肤润泽、身材匀称、神采奕奕，女性之美也会由内而发。反之，任何一脏或多脏之间的气血不调，都会打乱全身的平衡状态，不仅容貌受影响，还会给病邪以可乘之机。所以，女性要根据自身存在的问题，加强五脏的气血调养。

肾气充足，青春长驻

肾是人体生命之源，又被称为"先天之本"。

肾主管着人体的生长发育、生殖以及衰老、死亡的全过程。肾气充足时，人体生命力旺盛，有精气神，活力十足，容光焕发，生殖功能良好。而肾气虚衰时，人就会疲惫乏力、性功能下降、容颜早衰，女性还易出现宫寒不孕、经带异常，且易出现泌尿系统感染、妇科炎症及囊肿、更年期提前等。

肾主水，具有主持和调节人体津液代谢的作用。肾气不足，容易造成水肿、出虚汗等水液代谢失调现象，面部则多见黑眼圈、眼袋、暗斑等问题。

肾生髓主骨，且"齿为骨之余"，肾精不足，会出现牙齿松动、骨质疏松、腰酸腿疼、记忆力减退等问题。

肾"其华在发"，肾与头发的枯荣有直接关系，头发枯黄、白发早生及脱发等问题都不同程度地与肾气失调有关。

肾性潜藏，为固摄之本。女性肾虚易出现非正常子宫出血、月经不调、带下、滑胎、子宫脱垂等问题。

人体的衰老也是从肾开始的。所以，想要容颜不老、青春永驻，首先就要养好肾。

补益肾气除了要注意劳逸不可过度、避免熬夜、纵欲外，食补也非常重要。日常饮食中多吃些山药、枸杞子、黑芝麻、核桃仁、莲子、栗子等食物，都能起到补肾抗衰的作用。

脾胃健运，肌肉丰满

脾胃可以吸收和运化饮食中的各种营养物质，化生为精、气、血、津液等，以维持人体正常的生理活动，使人肌肉丰满、四肢健壮。所以说，脾胃是人身气血生化之源，又被称为"后天之本"。

脾主运化，与胃相表里，对饮食的消化、吸收、输布起主要作用，具有运化水谷、水液的功效。脾虚则易出现消化不良、食欲不振、腹胀、水肿等症。

脾主统血，脾既可生化血液，又对血液有固摄作用。脾虚的女性不仅容易贫血，还常出现经血异常及各种出血病证。所以说，"血虚源于脾虚，补血必先补脾。"

脾主四肢和肌肉，开窍于口。脾气健运，气血充足，则面色和口唇红润，皮肤有弹性，四肢灵活健壮，肌肉丰满紧实。脾气不足，容易出现面色苍白萎黄、口唇色淡、皮肤松弛多皱、肌肉消瘦或虚胖水肿、大便稀软、易于泄泻、四肢倦怠无力等。

养护脾胃是补益气血的关键，而养护脾胃的关键还是饮食。日常多吃粥最养脾胃，米面谷粮、豆类及豆制品、肉类，都是有利于补益脾胃、增强气血的理想食物。脾虚的女性可多吃大枣、山药、糯米、小米、莲藕、豆腐、牛肉、鸡肉、猪肚、莲子、牛奶等食物。

此外，健脾还应注意保持饮食规律，不要暴饮暴食或贪凉饮冷，避免思虑过度、过度操劳或久坐不动。还应特别强调，过度节食减肥有伤脾胃及气血，弊大于利。

肝血通畅，容颜娇美

俗话说"肝好才漂亮"，养肝对女性格外重要。

"肝为血海"，肝藏血，具有储藏血液和调节血量的功能。如果肝有病，藏血功能失常，不仅会出现血量变化和血流、循环的失于条理，还会影响到机体其他脏腑的生理功能。肝血亏虚易产生疲倦萎靡、肌肤失养、月经量少、闭经、惊悸多梦、夜寐不安等问题；如果肝不藏血、血热妄行，则可导致各种出血，如吐血、咳血、衄血、崩漏等。

肝主疏泄，可保持全身气血畅通调和。肝的疏泄功能正常，则气机顺畅，气血调和。若肝失疏泄，气机不畅，会出现肝郁化火、气血瘀滞等问题，女性常表现为面色铁青、黯淡无光、面部多黄褐斑或痤疮、月经不调、痛经、妇科炎症、乳房或胸胁胀痛、精神抑郁或易怒、烦躁失眠、食欲不佳等。

肝开窍于目，其华在爪。眼睛只有得到肝血的充分滋养，才能炯炯有神，否则易双目干涩、昏花。肝血的盛衰，还影响指甲的荣枯。肝血充足，则指甲坚韧明亮，红润光泽；肝血不足，则指甲软薄，枯干变色，甚至变形脆裂。

肝"喜调达而恶抑郁"，怒最伤肝，养肝的关键是保持良好的心情，切忌愤懑抑郁、暴怒生气，只有心胸畅快、情绪平和的女性才会有柔和润泽之美。

在饮食上，多吃菠菜、柑橘、胡萝卜、豌豆、绿豆等，对养肝补血、疏肝解郁、清肝解毒有益。

心神安宁，
气血和顺

"心为君主之官"，为神之居、血之主、脉之宗，起着主宰生命的作用。

心主血脉。心气推动血液运行，以营养各脏腑，并维持其正常的生理活动。心气旺盛、心血充盈、脉道畅通，血液才能正常运行。心的气血不足、心血瘀阻，则会出现心悸、胸闷，甚至心前区剧烈疼痛等心功能失调的症状。

心主神志，藏神。血液是神志活动的物质基础，心气不足或心神失养，会出现精神、意识、思维活动的异常，常表现为神经衰弱、失眠多梦、心悸、健忘、神志不宁、烦躁不安、哭笑无常等状况。

心在液为汗，其华在面，在窍为舌。所以，心气不足、心血亏虚也常出现虚汗多、面色苍白无华、口舌生疮、反复口腔溃疡等问题。

养心最重要的方法是避免情志过度，让身心充分放松，以宁静灭心火，以改善心悸失眠、情绪烦躁等问题。女性容易受情绪影响而扰乱心神，或者操心、烦恼的事太多，这些都不利于养心，所以，女性尤其要注意让心宽一些。

心的气血不佳者也可通过饮食来调养。如大枣、龙眼肉、樱桃、葡萄、莲藕、百合、柏子仁等食物可养心血、安心神，适合血虚心烦失眠者；山楂可活血化瘀，软化心血管，适合心血瘀阻者；红豆、西瓜、番茄、莲子心等食物可清心火，适合血行过旺、心火上炎、口舌生疮者。

肺气畅通，
皮毛润泽

肺主气，主呼吸，通过吐故纳新来进行体内外气体的新陈代谢，并调节全身各脏腑经络之气，以维持生命。肺气充足，则呼吸均匀调和，气机顺畅。若肺气不足或肺气不宣，易导致呼吸无力、咳喘、气短、胸闷、体倦乏力、声音低怯、自汗、怕风、伤风感冒等症状。

肺主皮毛，"在体合皮，其华在毛"。肺主毛孔的开合，所以，皮肤的好坏与肺息息相关。皮毛为一身之表，也是人体抵抗外邪的屏障。肺气充足，则皮肤、毛发润泽光亮，毛孔开合正常，外邪也不易通过皮毛入侵人体。若肺气虚弱，一方面容易伤风感冒，另一方面，易出现皮肤干燥无光、面色苍白憔悴、头发枯槁早白等状况，且癣、疹等各类皮肤病多发。

所以，肺弱的女性多体型消瘦，皮肤干枯不润，娇弱易生病。只有养护好肺，才能使肌肤水润光泽，并提高防病、抗病能力。

肺喜润恶燥，护肺气就要远离伤肺的内外因素，如吸烟、干燥、寒冷、风邪、空气污染等，让肺能自由、畅快、清爽地呼吸。

此外，避免过度疲劳、缓解悲忧情绪也有利于肺气的维护。

日常饮食中可以多吃些梨、牛奶、银耳、莲藕、百合、山药、萝卜、杏仁、白果、核桃仁、甘蔗、豆腐、蜂蜜、燕窝等，对补肺气、润肺燥、清肺火均有益。

从饮食入手 调养气血

气血的化生主要来源于饮食，食物是人体获取能量，得以持续运转的基本要素。因此，三餐定时定量、营养充足平衡，才是气血良好的最有效保障。

药膳食养有学问

汤水最宜女性调养

俗话说"女人靠水养"，这话非常有道理。从人体结构上来说，女性身体的含水量要大于男性，难怪《红楼梦》中的贾宝玉说"女人是水做的"。

女性尤其适合用汤水来调养。由于女性的经、带、孕、产、乳等生理原因，阴血耗损较大，阴血、津液常不足，所以，女性在补养时，一定要重视养阴、补血、生津液、补水，这就是女性要"靠水养"的原因。

在日常饮食中，女性可多通过温热的汤、粥、茶、饮等形式补益，不仅使食物的营养更易吸收，有助于养护脾胃及气血生化，还能补充足够的津液和水分，改善皮肤粗糙、毛发干枯、心烦口渴等现象，使人更滋润、更年轻。

秋冬最宜补气血

秋收、冬藏，这两个季节以收敛、潜藏为主，最有利于人体进补。通过饮食摄入的营养也最易存留于体内，不像春夏季节有太多的宣发和耗散。

气血不足的女性在秋冬季可加强食养，以调和气血，平衡阴阳，疏通经络。养好秋冬，来年春夏时，就会看到一个肌肤润泽、光彩照人、健康有活力的女人。

分清寒热

药物、食材都有寒、热、温、凉的不同属性。"寒""热"并不是单纯指温度，而是指药物、食材的内在性质，即食用后对人体产生的相应影响和作用。

《黄帝内经》中记载，"寒者热之，热者寒之"。说明了不同体质者选择药物、食材的原则。

我们经常食用的日常食材以平性居多，对各种体质者均宜。体质偏阳虚畏寒者可多吃些温性、热性的食物，避免寒、凉食材，而偏阴虚内热者可多吃些寒凉食物以清热，不宜多吃温性及热性的食物。

适合寒性体质者

各类体质者均宜

适合热性体质者

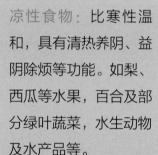

热性食物：使身体生热，促进血液循环，具有扶助阳气、祛除寒邪等功能。如肉桂、干姜、花椒、辣椒等。

温性食物：比热性食物相对温和，具有发散表寒、温中散寒、温通气血等功能。如羊肉、鸡肉、桂圆、红枣、核桃等。

平性食物：性质不寒不热。具有健脾开胃、强壮补益等功能，各类体质者均宜。如米、面等粮食，根茎类、瓜茄类蔬菜，菌类等。

凉性食物：比寒性温和，具有清热养阴、益阴除烦等功能。如梨、西瓜等水果，百合及部分绿叶蔬菜，水生动物及水产品等。

寒性食物：具有清热泻火、解毒、燥湿、凉血等功能。如绿豆、金银花、菊花、荸荠等。

五味有不同

"五味"是指酸、苦、甘、辛、咸五种味道。不同的味道对人体五脏有不同的作用和影响，即"五味养五脏"。所以，也可以根据"五味"来补益五脏、养生保健。但任何事物都不可过度，适当地加强某种味道可以起到补益作用，而味道过重，反而会损伤脏腑。

酸

酸味入肝，多具有柔肝解毒、收敛固涩、生津养阴、开胃理气的作用。有肝硬化、脂肪肝及消化不良、肝郁气滞者可多食酸味。但酸味过度易伤骨损齿。

咸

咸味滋肾，多具有利水消肿、软坚散结、泻下通便的作用。有利于改善大便燥结、痰核及各类囊肿、结节、硬块等。但食咸过度易伤心血管。

苦

苦味入心，多具有清泻心火、清热解毒、祛暑除烦、降气通便、降糖消脂等作用。常用于心火偏盛、阴虚火旺、心神不安及心血管疾病者。气血不足者少食苦味。

肾肝心
肺脾

辛

（香、辣）味入肺，多具有发散解表、行气活血、通宣理肺、祛湿除痰等作用。多用于风寒感冒及寒湿阻滞、气血阻滞证。但辛味偏热，多食易耗气伤阴，阴虚内热者不宜食用。

甘

（甜、淡）味入脾，多具有健脾益气、养血生肌的作用。常用于脾胃不和、吐泻、体虚消瘦、疲倦乏力、气血不足者。但甘味太多也会伤脾，糖尿病、肥胖人群要少吃。

气血亏虚的调养法

虚者补之

人体某些组织、脏腑或整体的功能低下，体内阴、阳、气、血虚弱不足，即为"正气虚弱"。

虚者普遍有精神萎靡、体倦乏力、面色淡白或萎黄、心悸气短等症状。又根据证候不同，细分为气虚、血虚、阴虚、阳虚四种虚证。中医养生的方法是"虚者补之"，

体虚者可根据自身较为明显的症状，有针对性地进行补益。

由于人体气血阴阳之间是相互联系、相互依存的，所以单一的虚证并不多见，往往是两类或两类以上的虚证相伴而生，因此，如果兼有两种虚证的症状，最好能同时进行补益，才有更好的效果。

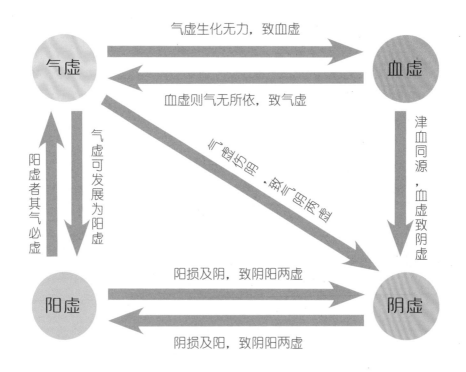

对证补益

体虚类型	主要表现	补益食物及药材
气虚	脾气虚则食欲不振、大便溏泄、脘腹胀满、神倦乏力、面色萎黄、消瘦或水肿、血失统摄；肺气虚则气少喘促、体倦神疲、易出虚汗；心气虚则心悸怔忡、胸闷气短	山药、红枣、扁豆、大豆及豆制品、香菇、粳米、栗子、猪肚、牛肉、鸡肉、蜂蜜、莲子等，适当添加人参、西洋参、党参、太子参、黄芪、白术等药材
血虚	面色苍白或萎黄、嘴唇及指甲苍白、头晕眼花、心悸怔忡、失眠健忘、月经延期、经少色淡、闭经等	猪肉、牛肉、羊肉、鸡肉（乌鸡）、鱼肉、墨鱼、动物肝、动物血、鸡蛋、菠菜、红枣、胡萝卜、花生、葡萄、龙眼等，适当添加当归、熟地黄、阿胶等药材
阳虚	肢冷畏寒、四肢不温、腰膝酸痛、筋骨痿软、性欲淡漠、脘腹冷痛、宫寒不孕、白带清稀、崩漏、尿频遗尿、水肿等	羊肉、牛肉、猪腰、海参、虾、核桃、姜、肉桂、小茴香、胡椒、花椒等
阴虚	干咳少痰、口干舌燥、虚热烦渴、大便燥结、眼睛干涩、眩晕耳鸣、腰膝酸痛、手足心热、心烦失眠、潮热盗汗、食少呕逆、早衰等	猪肉、鸭肉、牡蛎、鲍鱼、鳖肉、牛奶、黑芝麻、银耳、松子、桑椹、百合、枸杞子、燕窝等，适当添加沙参、麦冬、天冬、玉竹、黄精等药材

气滞血瘀的调养法

理气化滞的饮食法

气滞比较多见的是脾胃气滞和肝气郁滞。尤其是女性，肝气郁滞的情况更为常见，而肝气横逆又常犯胃，引起脾胃不和，产生多种症状，所以，二者往往相伴而生。气滞者可根据自身症状，找到适合的食物调理，以达到理气宽胸、疏肝解郁、破气散结、行气止痛的作用。

气滞类型	主要表现	调理食物及药材
脾胃气滞	脘腹胀痛、嗳气吞酸、恶心呕吐、腹泻或便秘	白萝卜、柑橘、橙子、柚子、麦芽、山楂、茴香等，可适当添加陈皮、苏梗、木香、佛手等药材
肝气郁滞	胸胁胀痛、抑郁不乐或烦躁易怒、乳房胀痛、月经不调、头痛或偏头痛、失眠	芹菜、香菜、丝瓜、菠菜、黄花菜、海带、萝卜、洋葱等，可适当添加玫瑰花、茉莉花、白梅花、薄荷、柴胡、香附、青皮、郁金、佛手等药材

活血化瘀的饮食法

久郁必致血瘀，气郁如果未能及时得到缓解，必然产生瘀血阻滞，导致血脉不能畅通。气血虚弱也可致瘀，因气不足以推动血液运行，血液循环减缓或停滞，造成血瘀。此外，受寒也易造成寒凝血脉、血行不畅。

"不通则痛"，血脉瘀阻的主要表现是疼痛，如头痛、胸胁痛、心腹痛、肢体痛、乳房胀痛等。对女性来说，还明显反映在经血上，如月经不调（包括月经不定期、经行不畅、经量异常、经血色暗有血块等）、痛经、闭经、产后瘀血腹痛等。血瘀者也易发疮痈肿痛、妇科囊肿及肿瘤，是健康的大隐患。

有助于活血化瘀、温经散寒、调经止痛的食物有：红枣、乌鸡、山楂、红糖、姜、肉桂、龙眼、枸杞子等。也可适当添加当归、丹参、红花、桃仁、鸡血藤、益母草、刘寄奴、月季花、玫瑰花等药材。

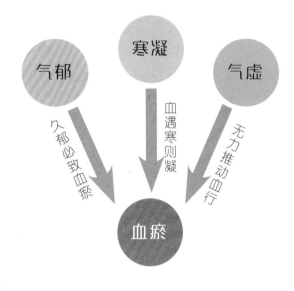

少量饮酒也可以起到活血化瘀的作用，女性可喝些米酒、香槟酒、葡萄酒等低度酒，但切忌过量，不可上瘾、酗酒。

调养手记

活血的药食材料最宜在血行不畅时食用，如发生痛经、月经延期或闭经时。活血的药材，行散力强，易耗血动血，如有月经过多、其他出血证而无瘀血现象者不宜服用，孕妇更应慎用或忌用。

不利于养护气血的饮食习惯

过食生冷寒凉

如果进食的食物过于寒凉，会损耗人体阳气，且气血均是"遇寒则凝，遇热则行"，寒凉食物进入体内，容易造成气滞血瘀，而出现腹胀、腹痛，进而引发人体代谢障碍。长期过食生冷寒凉者容易出现气血瘀阻、体胖身困。所以，即便是夏季，进食生冷瓜果、凉菜、冷饮、冰棍等食物时也要有所限制，如女性在月经期、备孕期、孕产期，就更应避免。

五分熟的牛肉、生鱼片、生蚝等美食，偶尔品尝一下未尝不可，但不可多吃，尤其是水生动物，本来就比较寒凉，生食更不利于气血的养护，且会加重肝脏解毒的负担。

盲目节食减肥

有句话说得好，"不吃饱了，怎么有力气减肥"，看上去是玩笑，其实有一定的道理。

肥胖往往是由于气虚造成的，气不足，就无法推动人体把多余的代谢物排出体外，使其堆积在体内，人就越来越胖。饮食营养不足，气血会更加亏虚，代谢能力更差，只会"喝凉水都长肉"，女性还容易出现贫血、月经量少甚至闭经的情况。有效的减肥应是调整好进食和消耗的平衡，单纯靠饥饿疗法，对健康有很大的损害。

盲目进补

有些人一听别人说某种食物"很补的"，就盲目服食，却不问是否适合，不知"乱补会伤身"的道理。由于每个人的体质、年龄、身体状况不同，进补需要因人而异，补益不当反而造成身体损伤。

如果身体健康状况良好、正气不虚者，最好不要选择中药材进补，通过日常饮食的食材调养、维持健康状态就足够了。如有气血虚弱的表现，添加些中药材也是可以的，但一定要适当、适量，不要出现以下情况。

补"错"了：有些人不分气血、寒热、阴阳、脏腑，随意补虚。如阴虚内热者服用温热、助阳的药食，会助热伤阴，火上浇油；而阳虚有寒者服用了补阴药，会助寒伤阳，雪上加霜。这样的错补、乱补，不仅不能防病治病，还会导致不良后果。

补"过"了：如听说人参最补气，便常服人参，有些人吃出了烦躁不安、胸闷腹胀、流鼻血、咽干喉痛、燥热便秘等问题，这就是补"过"了。"气有余便是火"，补气过度会上火，火大了又会伤阴血，所以，补气切不可过度。

补"偏"了：阿胶、熟地黄等一些滋阴的药材比较滋腻黏滞，不容易消化，本身就痰湿、气滞、脾胃不健者需慎用，不可单一用药，最好能同时搭配行气、消滞、除湿、化痰的药食同用，以达到"补而兼行"的效果，避免补"偏"而引起其他问题。

好习惯 养护气血的

除了饮食之外，在日常生活中还有许多细节，对养护气血非常重要。这些良好的生活习惯也反映着我国传统的养生智慧，它是千百年的经验总结，也是人类顺应自然、与自然和谐相处的生命哲学。不要小看这些看似简单的忠告，只要你真正做到了，身心状态就会有很大的提高。

调养手记

○ 清代乾隆皇帝总结了养生四诀，即"吐故纳新，活动筋骨，十常四勿，适时进补"。

○ 十常为：齿常叩，津常咽，耳常掸，鼻常揉，睛常转，面常搓，足常摩，腹常运，肢常伸，肛常提。

○ 四勿为：食勿言，卧勿语，饮勿醉，色勿迷。

睡眠充足，切莫熬夜

不少人都有熬夜工作、学习或娱乐的习惯，有些人的夜生活过度兴奋，很晚不能入睡。这种"夜猫子"的生活方式最易耗伤阴血，第二天往往是眼圈青黑、眼袋浮肿、面色晦暗、头脑迟钝、神疲体倦，长期如此，会形成阴虚内热的体质。更糟糕的是，思虑过度、长期失眠者，在精神和身体的双重损伤下，身体状况会明显下降，导致精神抑郁、气血两亏，必须及时调养。

夜间是人体进行自我修复的时间，此时精神放松、休息充分，对扶正祛邪、养阴补血、代谢排毒、提高免疫力尤其有效。所以，会保养的女性都很重视睡眠，晚上11点之前上床睡觉，抛却一切杂念，保证至少6小时的睡眠时间，对养护气血十分重要。

劳逸结合，生活规律

俗话说"过犹不及"，过劳和过逸都不利于气血的养护。劳累过度必耗伤气血，不论是繁重的体力劳动，还是操心劳神，都属于过劳。另一方面，过于安逸、活动不足或久坐不动，气血生化不足，会使阳气难以生发或气滞血瘀，同样有损健康。只有劳逸结合，根据自身情况掌握适度的活动量，才能让气血既不过于耗损，又能保持通畅。

劳逸结合可以通过规律生活来实现。人体自身的生物钟已经设定好了一个劳逸结合的生活时间表，按照它来运行，人体各脏腑功能就能正常运转。简单地说，就是该吃饭的时候吃饭，该睡觉的时候睡觉，该干活的时候干活，不要打乱设定的时间，也不要延长或缩短相应的时间。让生活去顺应生命的规律，健康其实就这么简单！

注意保暖，远离湿寒

对于女性来说，注意保暖、避免受寒显得尤为重要。

这是由于女性本身虚寒体质者较多，再受寒不仅容易感冒，还容易造成寒凝血瘀，出现腹部、腰背、四肢、关节等部位冷痛的情况。而且，女性承担着孕育后代的重任，子宫要暖才容易受孕和安胎，子宫寒冷容易导致不孕。此外，宫寒还易引发月经不调及多种妇科病，对女性健康有很大危害。

经期腹痛的女性都知道，用热宝或暖水袋捂一会儿腹部，痛感会减轻。痛经遇热则减，遇寒则重，所以对痛经者远离寒冷是第一要务。

女性尤其要注意腰腹部及下肢的保暖。不少年轻女孩为追求时髦的着装，喜欢穿露脐装、低腰裤，或在寒冷的天气，把膝盖、脚踝直接暴露在外，而这些都是寒邪容易侵入的部位，也是应重点保暖的部位。建议女孩们冷暖自知，多爱护自己，护住腰腹、肚脐，如果天凉还一定要露腿的话，穿好打底裤或厚长袜，避免着凉。特别是在月经期，保暖是十分重要的。

女性还应注意远离阴冷潮湿的环境，不要长时间贪凉涉水，或久坐于冰冷潮湿的石板、石椅上。月经期更不要淋雨、涉水、坐卧湿盛之处。长期处于湿冷环境中的女性，一方面容易损耗气血，造成宫寒，加重月经不调及痛经；另一方面，脾怕湿，胃怕寒，湿寒交加最伤脾胃，容易引发消化系统疾病，影响气血的生化和运行。

多晒太阳，加强锻炼

不少女性喜静不喜动，这本没什么不好，但如果长时间宅在室内，对气血的生发、运行是不利的。尤其是本就阳虚偏寒的女性，要适当加强锻炼，增加户外活动时间。

锻炼如能在户外阳光下进行，效果是最好的。阳光对人体阳气生发、温煦脏腑、畅通血脉、强健骨骼、祛除寒湿、提高免疫、调节心情、缓解抑郁有着不可替代的重要作用，不要因为怕晒黑皮肤而失去天然补充阳气的机会。锻炼最好不要长期在地下室这样阴寒的场所进行，也最好不要在日落之后进行。

最简单的方法是，每天在阳光下步行30分钟，年轻女性可以慢跑或打球，年纪较大者宜做保健操、打太极拳或跳舞。这样对养护气血、增强体质十分有益。

调节情绪，畅达心胸

很多女性疾病及美容方面的问题，大多与不良情绪无法宣泄有关。长期焦虑、紧张、抑郁、生气、烦恼、幽怨、愁苦……都在无形中耗伤气血。

人生在世，总是难以摆脱七情六欲，"大喜伤心，大怒伤肝，多思伤脾，悲忧伤肺，惊恐伤肾"。无论哪种情志都不能过度。

要想为自己创造一个愉快的心理环境，就要善于驾驭自己的情绪，开阔心胸。当不良情绪产生时，要及时自我调节，自我控制，找适当的渠道发泄出来，或找人倾诉，或自我化解，或转移注意力，减轻情志失调对身体的危害。

梳头搓面，
美容养颜

梳头这个小动作有很好的保健作用。头顶分布着人体的很多经络和穴位，梳头时正好可以给予刺激，让经络气血更畅通，促进血液循环，消除疲劳、头痛，活跃思维，健脑明目，养护头发，延缓衰老。

隋代名医巢元方指出，梳头有通畅血脉、祛风除湿、使发不白的作用。而且，春季梳头最宜生发。《养生论》中说，"春三月，每朝梳头一二百下"。特别强调春天梳头，是因为春天是大自然阳气生发的季节，也是人体补阳的好时机，此时毛孔逐渐舒展，循环系统功能加强，代谢旺盛，毛发生长迅速。春季加强梳头，能帮助阳气通畅，加强气血运行，促进毛发生长。

女性每天早晚梳头可以刻意多梳一会儿，并要让梳齿有一定力度地刮到头皮，才会效果好。还可以用梳子轻敲头部，对提振气血、缓解头痛非常有效。

搓面又被称为"干洗脸"，也是改善面部血液循环的好方法，对缓解面色苍白、萎黄、青黑，黑眼圈，皮肤干皱等问题有一定的好处，并能缓解精神疲劳、头晕脑胀、眼目昏花等状况。

搓面可以在任何时间、任何场地进行，每次3~5分钟就有效。

坚持每天梳头加搓面，是美容养颜、常保青春的好习惯。

咽津纳气，抗衰秘诀

咽津法自古就是养颜、抗衰老的秘籍，又被称为"饮玉浆"或"赤龙搅海"。古代养生家称其有"令人躯体光泽，津润力壮，有颜色"的作用。

中医认为，唾液是人体津液的一种，是养生之宝。唾为肾精所化，咽而不吐，有滋养肾中精气、润燥生津的作用，可滋润皮毛、肌肤、眼、鼻、口，濡养内脏、骨髓及脑髓，是美容养颜、强健体质的好方法。

现代研究也发现，唾液中除了含有消化酶以外，还有肾上腺皮质激素、胰高血糖素、反应性胰岛素及其他一些活性物质，对于调节人体生理平衡、增强人体免疫功能、促进细胞活力、延缓衰老都有重要作用。

晨起洗漱后，闭目，合口，用舌尖微顶上腭，一会儿即觉有津液涌出。

用舌尖顺时针抵抹牙龈外侧转5圈，再逆时针抵抹牙龈外侧转5圈，然后将产生的唾液缓缓地咽下。

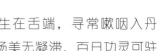

调养手记

- ⊙ "津液频生在舌端，寻常嗽咽入丹田。于中畅美无凝滞，百日功灵可驻颜。"

- ⊙ "委气荣卫和，咽津颜色好。传闻共甲子，衰颓尽枯槁。独有冰雪容，纤华夺鲜缟。"

泡脚按摩，活血化瘀

每天泡脚疾病少

足部是人体之根，是健康的基石，俗话说"人老足先衰，木枯根先竭"，人的衰老也由足而生。

足浴是中医养生的优良传统。它使双足的经络得到良性刺激，促进全身气血运行，颐养五脏六腑，调整阴阳平衡，进而达到提高睡眠质量、促进循环代谢、美容防衰、祛病强身的目的。

每晚临睡前用热水泡脚，四季皆宜，养成这个好习惯，对女性气血的养护非常有益。

- 足浴水温以30～40℃为佳，最高不宜超过60℃。
- 水量不宜太少，最好能没过脚踝，泡到小腿部更好。
- 泡脚15～30分钟即可，以身体放松、微微出汗为度。

足浴后按揉涌泉穴

涌泉穴位于足底前部凹陷处，第2、3趾趾缝纹头端与足跟连线的前1/3处。

涌泉穴是肾经首穴，也是足底最重要的穴位。肾经之气犹如源泉之水，从足下涌出，灌溉周身四肢各处。常按揉涌泉穴有补肾宁心、培元固本的作用，可改善身心疲惫、失眠、早衰等问题，是提高人体免疫力、延缓衰老、防病抗病的有效保健法。

每晚足浴后按揉涌泉穴3~5分钟，以产生酸、麻、胀感为佳。

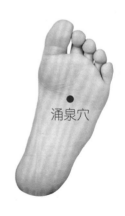

涌泉穴

气血畅

颜值高

贰

红润有光泽，白里透红气色好

面色苍白或萎黄、没有血色、黯淡无光，是气血不足、寒凝气滞、血液循环不佳、消化及代谢功能均较弱的表现。

这样的女性宜健脾胃、养气血、化血瘀，可多吃牛肉、羊肉、猪肉、乌鸡、红枣、动物血、扁豆、黄豆、龙眼肉、莲子、扁豆、猪肚、樱桃、葡萄、牛奶、银耳、杏仁、红糖等食物，适当添加当归、黄芪、阿胶、玫瑰花、桃花等药材，并可少量喝些红酒或温热的米酒，对改善气色十分有益。

玫瑰桃花饮

功效

活血养颜，散瘀止痛，改善不良气色，淡化瘀斑。

材料

玫瑰花、桃花各3克。

做法

将玫瑰花、桃花放入盖碗中，倒入开水，加盖泡15分钟后即可饮用。可多次冲泡。

玫瑰花

桃花

调养手记

- 玫瑰花和桃花均有活血化瘀的作用，玫瑰花还可理气和胃、调经止痛，桃花则可泻下通便、清肠排毒。

- 此饮适合气血瘀滞、颜面无光、晦暗青黑、色斑较多者，肝胃气痛、胸胁胀闷、情绪抑郁不畅、月经不调、痛经、便秘者也宜常饮。

- 经期血量多时不宜饮用，孕妇忌用，腹泻、便溏者不宜。

樱桃牛奶饮

功效
滋阴补血，改善气色，令肌肤红润美白。

材料
樱桃100克，牛奶150毫升。

做法
将樱桃去蒂、核，切碎，放入榨汁机，再加入牛奶和适量水，搅打成糊即可饮用。

调养手记

- 樱桃含铁量很高，补血效果好，常吃可使人气色红润。
- 樱桃搭配滋阴润燥、养肤美白的牛奶，是美味的美容饮品，有补血虚、美气色、去皱纹、润肌肤、抗衰老的作用。
- 喝剩的水果糊也可以当作面膜，外用敷脸，内外共用的效果更佳。

樱桃也叫车厘子

红枣归芪粥

功效

补养气血，美颜润肤。

材料

粳米100克，当归、黄芪、大枣各15克。

调料

冰糖10克。

做法

1 将粳米淘洗干净，大枣对半切开，去核。

2 将粳米、当归、黄芪、大枣放入砂锅中，加适量水烧开，改小火煮40分钟，放入冰糖续煮10分钟即可。

当归

黄芪

调养手记

○ 当归和黄芪都是美容食方的常用药材，而且经常搭配使用，当归养血，黄芪补气，共用能气血双补，起到相辅相成的效果。

○ 当归、黄芪搭配健脾、补气、养血的大枣，可补养气血、美颜润肤、延缓衰老，特别适合气虚、血虚所致面色萎黄、肌肤干枯毛燥、多瘀斑皱纹的女性。

○ 湿阻中满、痰湿积滞者慎加当归、大枣。

猪血鱼片粥

功效
养肝补血，润泽皮肤，改善贫血。

材料
猪血、鲤鱼肉各100克，大米150克。

调料
料酒、水淀粉各10克，盐、鸡精各2克。

做法
1 将大米淘洗干净；猪血切丁，焯水；鲤鱼肉切片，用料酒、水淀粉上浆备用。

2 锅中放入大米和适量水煮沸，中火煮20分钟，放入猪血续煮10分钟，下鱼片滑散，加盐、鸡精，再煮沸即成。

调养手记

◎ 猪血本身就是动物血液，铁含量极为丰富，是补血美容的好材料。

◎ 猪血搭配健脾和胃的鲤鱼肉共煮成粥，不仅能生血养血，还能调养脾胃，尤其适合缺铁性贫血、血虚所致面色苍白或萎黄、皮肤干痒、毛发不泽者进行补益。

杏仁银耳木瓜汤

功效

滋阴美白，柔嫩肌肤。

材料

杏仁15克，水发银耳60克，木瓜100克。

调料

冰糖适量。

做法

1 将木瓜去皮、瓤，洗净，切块，银耳分成小片。

2 锅中放入杏仁、水发银耳和适量水，小火煮1小时，放入冰糖、木瓜，继续煮5分钟即可。

调养手记

◎ 银耳滋阴养颜，木瓜健脾润肤，杏仁美白祛斑。三者合用，可令肌肤白嫩柔滑、光滑润泽。适合肤色暗、没有光泽、皮肤粗糙干痒、瘀斑多及毛发枯槁不润者。

◎ 大便秘结、肺燥咳喘、津伤燥渴者也宜多吃，秋季食用可缓解秋燥症。

◎ 腹泻、便溏者不宜。

抚平小皱纹，容颜不老春常在

皱纹多是脾气不足、肾气虚弱的表现。35岁以上的女性就要开始注重抗皱保养了。饮食中在补益脾肾的同时，还要注意补充胶原蛋白和水分，所以，用动物类食材制作的汤羹是最佳的选择。

皱纹较多者一般津少干瘦，可多吃些鸡皮、猪皮、猪蹄、银耳、燕窝、鱼肉、核桃仁、松子仁、蜂蜜、山药、豆腐、栗子、海参、胡萝卜、大枣等，这些食物都有润肤抗皱、延缓衰老的作用。

猪皮炖黄豆

功效

滋润肌肤，缓解皮肤粗糙、干裂、皱纹增多等现象。

材料

猪皮200克，水发黄豆50克，净冬笋30克。

调料

酱油20克，料酒、白糖、五香粉各10克，盐适量。

做法

1 将猪皮切大块，用沸水焯烫一下，洗净；冬笋切成丁。

2 锅中放水烧开，放入猪皮，加入所有调味料，小火炖煮30分钟，放黄豆、冬笋，续煮30分钟，大火收干汤汁即可。

调养手记

○ 黄豆富含蛋白质和植物雌激素，猪皮富含动物胶原蛋白。二者搭配，可使营养充分互补，有利于美容护肤、消除皱纹、润泽毛发。

○ 气血虚弱、瘦弱萎黄者食用可使气血充盈、肌肉丰满、筋骨强壮、四肢有力，青少年食用可促进发育，中老年食用可延缓衰老。

○ 肥胖、气滞胀满者不宜多吃。

栗子炒白菜

功效
健脾益气，减少皱纹，改善皮肤松弛下垂。

材料
栗子肉100克，白菜帮200克。

调料
淀粉、盐、白醋、鸡精各适量。

做法
1 将白菜帮洗净，切成细条。
2 锅中放入栗子肉和适量水烧开，改小火煮30分钟，放入白菜帮，用大火收汁，加盐、白醋、鸡精调味，勾芡即可。

调养手记

○ 栗子有健脾养胃、补肾强筋、益气止泻的功效，是抗衰老的理想食物。

○ 栗子搭配有养胃生津、清热除烦功效的白菜帮，可增强健脾胃功能，改善皮肤粗糙、皱纹增多、干燥瘙痒、松弛下垂等问题，对反胃、泄泻、腰腿痿软也有一定的调养作用。

○ 腹胀痞满、食滞便秘者不宜多吃栗子。

栗子

茯苓猪蹄汤

功效

润燥滋阴，美肤抗皱。

材料

茯苓20克，猪蹄300克。

调料

料酒20克，盐4克，葱段、姜片各10克，胡椒粉适量。

做法

1 将猪蹄去毛，洗净，剁块，焯水备用。

2 砂锅中放入茯苓、猪蹄，加入适量水，大火煮沸，去浮沫，放料酒、葱段、姜片，改用文火炖1小时，去葱、姜，加入盐、胡椒粉即成。

调养手记

○ 猪蹄富含胶原蛋白，是滋养肌肤的常用材料。搭配健脾渗湿的茯苓，可改善皮肤粗糙干皱、枯槁早衰的状况，是补益气血、润肤美容的理想食疗方。

○ 此汤也适合食欲不振、倦怠乏力、心神不安、烦躁失眠者调养，也是产后通乳的佳品。

○ 肥胖、血脂偏高者不宜多吃猪蹄。

银耳燕窝汤

功效

养阴生津。

材料

燕窝5克,水发银耳30克。

调料

冰糖20克。

做法

1 将燕窝用温水浸泡至松软,去燕毛,洗净沥干,撕成细条;银耳洗净,撕成小块。

2 把银耳、燕窝和冰糖放入蒸碗,加适量水,上蒸锅,大火蒸30分钟即可。

调养手记

- ⭕ 燕窝是养阴润燥、益气补中的名贵补品,搭配养阴润肺、生津润燥的银耳,是民间传统的美容食疗方,尤宜早衰、皮肤干皱的女性进行调养。

- ⭕ 此汤还有清肺润燥、提高免疫力的功效,也宜久病虚损、阴虚内热、肺病咳喘、口舌咽干、潮热盗汗及更年期综合征者食用。

- ⭕ 肺胃虚寒、痰湿停滞及有表邪者不宜。

燕窝

灵芝瘦肉汤

功效

滋阴养血，抗衰防皱。

材料

猪瘦肉100克，灵芝10克，香葱末少许。

调料

料酒、淀粉各10克，香油、盐各适量。

做法

1 猪瘦肉切片，用料酒、淀粉抓匀上浆。

2 将灵芝放入锅中，加适量水煎煮30分钟，去渣取汤汁。

3 灵芝汤再上火，放入肉片滑散，煮沸时加盐、香油调味，撒上香葱末即成。

调养手记

○ 灵芝是补气安神、止咳平喘、补虚劳、增免疫、抗衰老、抗肿瘤的滋补强壮品。

○ 灵芝搭配滋阴养血的猪肉，可起到气血双补的作用，适合气血亏虚、贫血、容颜早衰者常食，也适合食少、营养不良、神疲乏力、免疫力低下、虚劳咳喘、神经衰弱者。

○ 有实证者不宜。

青春不要痘，洁净肌肤好清爽

青春期的女孩"清水出芙蓉"，有一种无须修饰的美丽。但有不少女孩都受到青春痘（痤疮）的困扰，不仅影响颜值，还间接影响了心情。容易长青春痘者多为油性肌肤，油脂分泌旺盛，且体内湿热毒火较重。要想让肌肤更洁净，在注重外部清洁的同时，还要注意体内清洁，通过饮食来除湿热、泻毒火、净肠道，可以起到很好的调理作用。多选择绿豆、薏米、木耳、海带、黄瓜、冬瓜、西瓜以及菠菜、油菜等食材，适当添加菊花、金银花、野菊花、龙胆草等药材，对改善油性肤质、消除痤疮疖肿很有益处。

双花饮

功效

祛风散热，抗菌消炎，防治青春痘及皮疹。

材料

金银花、菊花各5克。

调料

冰糖适量。

做法

将金银花、菊花和冰糖放入杯中，冲入沸水，加盖泡15分钟后即可饮用。可多次冲泡代茶频饮。

金银花

调养手记

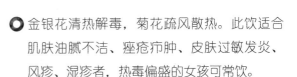

- 金银花清热解毒，菊花疏风散热。此饮适合肌肤油腻不洁、痤疮疔肿、皮肤过敏发炎、风疹、湿疹者，热毒偏盛的女孩可常饮。
- 此饮内服加外用，效果更好。
- 风热感冒、头痛发热、咽喉肿痛、目赤肿痛、风火牙痛者也宜饮用。
- 脾胃虚寒、泄泻及气虚者不宜。

排毒蔬菜汁

功效
清肝降火，凉血解毒，排毒清肠。

材料
菠菜、油菜、马齿苋各70克。

调料
白糖适量。

做法
1 菠菜、油菜、马齿苋分别择洗干净，焯熟，切碎。

2 焯好的三种菜都放入榨汁机，加适量水，搅打成汁。

3 过滤出蔬菜汁，添加适量白糖饮用。

调养手记

◯ 菠菜、油菜、马齿苋等深绿色蔬菜都含有的大量维生素和膳食纤维，能促进人体排毒，净化肠道，并有清热利湿、凉血解毒的功效，从而达到美化肌肤、消除疮痈疖肿、湿疹、疱疹、防治皮肤病的作用。

◯ 此饮对咽肿目赤、淋巴肿、乳痈、传染性疾病、肠道疾病等均有一定的防治作用。

◯ 脾胃虚寒、肠滑腹泻者不宜。

马齿苋

薏米糙米粥

功效
美白净肤，改善肤质。

材料
薏米50克，糙米100克。

调料
白糖适量。

做法
1 将薏米、糙米淘洗干净。

2 先将薏米放入锅中，加适量水烧开，去浮沫，再中火煮20分钟，放入糙米续煮30分钟即成。吃时调入白糖即可。

薏米也叫薏仁米、薏苡仁

调养手记

○ 薏米有美白抗衰、利水、化湿、消肿等功效，尤其对皮肤疮疖痈肿、扁平疣、色斑等有一定疗效，又被称为"美容米"。

○ 糙米中富含养护皮肤的B族维生素，对于改善肤质、缓解各种皮肤问题有显著疗效。

○ 此粥适合湿热内蕴所致的疮疖脓肿、粗糙、多斑、扁平疣等皮肤问题者多食。

○ 薏米有滑利作用，孕妇不宜多食。

绿豆粥

功效
清热解毒，除湿消疮。

材料
绿豆30克，粳米100克。

调料
冰糖适量。

做法
1 将粳米、绿豆分别淘洗干净。

2 煮锅中放入绿豆，加适量水，小火煮30分钟，至豆皮裂开，倒入粳米和冰糖，续煮30分钟至黏稠即可。

调养手记

- ○ 绿豆可清热解毒，祛暑化湿。此粥适合肌肤油腻不爽、疮疖肿痛及湿疹等湿毒所致的皮肤病患者，夏季食用尤宜。
- ○ 便秘、眼红肿痛、风火牙痛、口舌生疮、小便黄等有上火症状者也宜多食。
- ○ 脾胃虚寒、腹泻者不宜多吃绿豆。

绿豆

海带拌芦荟

功效

排毒养颜，修复肌肤损伤。

材料

芦荟100克，鲜海带100克，甜椒丝适量。

调料

香油、白醋、白糖各10克，盐、鸡精各适量。

做法

1 切取一段芦荟（约6厘米长）。

2 将芦荟段洗净，先切去两侧硬边，再片去一侧外皮，切取芦荟肉。

3 将整块的芦荟肉切成粗条。

4 芦荟肉和鲜海带分别焯水后盛入盘中。

5 加入各调料，搅拌均匀，撒上甜椒丝即可。

调养手记

○ 芦荟有缓泻作用，海带可软坚散结、清热润下。此菜可清肠排毒，适合湿热内蕴所致的毒火疖肿、痤疮、湿疹、痱子、顽癣等肌肤问题者，有肌肤毛孔粗大、油腻、过敏、晒伤者也宜食用。

○ 因湿热毒火所致的大便秘结、风火牙痛、口疮、目赤、咽痛者均宜食用。

○ 虚寒腹泻、便溏者及孕妇不宜。

气血畅达斑自消

有斑不用愁，

面部的各类色斑是美容的大敌，最常见的色斑是黄褐斑（也叫蝴蝶斑）、雀斑、老年斑（也叫寿斑）、先天青斑等。

面部色斑比较顽固，一旦形成就不容易消退。但若能积极养护，平时保持愉快的心情，并注意多吃养肝补血、活血化瘀的食物，多做面部按摩以促进血流通畅、化解瘀滞，还是能起到缓解、淡化色斑作用的。

有淡斑美白功效的食物有豌豆、豆腐、黑木耳、银耳、杏仁、鸡蛋清、蜂蜜、菠菜、樱桃、柿子、柠檬、燕窝、玫瑰花等，也可配合外用的鸡蛋清、珍珠粉、杏仁粉、醋等，常涂抹色斑部位，内外合用有一定疗效。

蜂蜜柠檬饮

功效

美白肌肤，淡化各类色斑及痘印。

材料

鲜柠檬片1片。

调料

蜂蜜适量。

做法

将蜂蜜倒入杯中，用温开水搅匀化开，投入柠檬片，浸泡10分钟后，代茶饮用。

柠檬

调养手记

○ 此饮可促进运化、健脾开胃、润燥通肠、排毒养颜，能有效改善粗糙不润的肤质，美白肌肤，淡化黄褐斑、雀斑、晒斑等色斑及痘印等肌肤损伤，也有防治痤疮、鼻部黑头的效果，是可内外兼用的天然美容品。

○ 消化不良、呕吐、心烦口渴、肠燥便秘者也宜常饮。

○ 胃酸过多者少放柠檬，便溏、腹泻者不宜。

冰糖燕窝粥

功效
养阴润燥，美白祛斑。

材料
燕窝5克，粳米100克。

调料
冰糖适量。

做法
1 将燕窝用温水浸泡至松软，去毛，洗净沥干，撕成细条。
2 将燕窝与粳米一起放入锅中，加适量水同煮成粥。
3 待粥熟时加入冰糖，略煮融化即可。

调养手记

○ 燕窝和冰糖都是润肺燥的好材料，也是经典的搭配。此粥可养肺阴、止咳喘、补虚损、美肌肤、消色斑、抗衰老，久服是女性的养颜之宝。

○ 肺燥咳喘、久病虚损、精神疲惫、体质虚弱、肾虚早衰者也宜常食。

○ 肺胃虚寒、湿痰停滞及有表邪者不宜。

杏仁白芷粥

功效

润肤美白，淡化色斑，提亮肤色。

材料

杏仁、白芷各15克，大米100克。

调料

白糖适量。

做法

1 将杏仁、白芷洗净；大米淘洗干净。

2 杏仁、白芷放入锅中加水，小火煮30分钟，捡出白芷，放入大米，再煮30分钟即可。

3 食用时可适当添加白糖。

调养手记

◎ 杏仁可润泽肌肤、美白消斑，白芷可除湿解毒、消肿排脓，二者都是常用的美容药材。

◎ 此粥适合肌肤黑斑较多、肤色黯黑不匀、粗糙不润、风湿瘙痒及有疮疹脓肿者，常食令人皮肤光泽柔润。

◎ 阴虚血热、阴虚咳喘、大便溏泻者不宜多食。

樱桃银耳羹

功效

除色斑，补气血，红润气色。

材料

水发银耳60克，鲜樱桃100克。

调料

冰糖适量。

做法

1 将樱桃洗净，去核，取果肉切小丁。银耳洗净，去蒂，择成小片。

2 先将银耳放入锅内，加适量水煮1小时，再放入樱桃果肉丁和冰糖，煮5分钟即成。

调养手记

○ 樱桃可补益气血，银耳、冰糖滋阴润燥。此羹也是传统的美容食疗方，可起到滋阴养血、美白肌肤、淡化色斑、红润气色的作用。

○ 也适合肺燥咳喘、神疲乏力、食少血虚、心神失养、失眠多梦、免疫力下降者食用。

玫瑰豆腐羹

功效

活血化瘀，疏肝解郁，淡化黄褐斑。

材料

干玫瑰花10克，豆腐100克。

调料

盐、鸡精各适量。

做法

1 将豆腐洗净，切成小丁。

2 煮锅中放入干玫瑰花，加适量水，煎煮成玫瑰花水，捞出玫瑰花。

3 往玫瑰花水中放入豆腐丁，改小火煮15分钟，再加入盐和鸡精调味即可。

调养手记

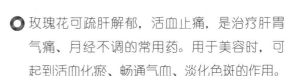

◎ 玫瑰花可疏肝解郁，活血止痛，是治疗肝胃气痛、月经不调的常用药。用于美容时，可起到活血化瘀、畅通气血、淡化色斑的作用。

◎ 玫瑰花搭配健脾益气的豆腐，可营养美化肌肤、改善肤质，适合肌肤粗糙、面色黄黑、晦暗无光、黄褐斑多者常吃。

◎ 心情烦闷不舒、月经不调者也宜食用，青春期及更年期女性尤宜。

◎ 玫瑰花有活血作用，孕妇不宜。

秀发黑又亮，不要脱发不早白

一头如云的乌发自古就是美女的标配。发量多少、颜色及润泽程度在一定程度上反映着人的气血状况，并与肾气的盛衰关系最为密切。因此，养发的关键还是补益肾气，养血润燥。

要想滋养头发可多吃黑芝麻、核桃仁、黑米、黑豆、牡蛎、紫菜、乌鸡、香菇、胡萝卜、鸡蛋黄、大枣、桑椹、枸杞子等食材，也可适当添加何首乌等药材，以益肾气，补血虚。

菌菇乌鸡汤

功效

益气补血，荣发乌发，美容养颜，延缓衰老。

材料

净乌鸡250克，平菇、滑子菇各50克。

调料

料酒20克，葱段、姜片各15克，盐3克，白糖适量。

做法

1 将平菇、滑子菇分别去根，洗净；乌鸡剁大块，洗净，焯水备用。

2 将乌鸡块倒入锅中，加适量水，大火煮沸，撇去浮沫，放入料酒、葱段、姜片，改小火慢炖1小时，放入平菇、滑子菇，加盐和白糖，续煮10分钟即可。

调养手记

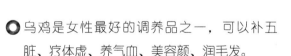

◎ 乌鸡是女性最好的调养品之一，可以补五脏、疗体虚、养气血、美容颜、润毛发。

◎ 此汤有助于改善因气血不足所致的身体瘦弱、贫血、头发枯黄、脱发或早白、营养不良、月经不调等问题。

◎ 此汤还有助于强筋壮骨，有骨质疏松的中老年女性尤宜常食。

海带紫菜鸡蛋汤

功效
改善发质，乌发润发。

材料
海带100克，紫菜10克，鸡蛋1个。

调料
香油、盐、胡椒粉各适量。

做法
1 将海带洗净，切片，鸡蛋打入碗中搅匀。

2 锅中放入海带和适量水，大火烧开，改小火煮10分钟，放入紫菜划散，倒入鸡蛋液，再煮沸时加盐、胡椒粉调味，淋香油即可。

调养手记

- 紫菜有乌发明目、润肤消肿、通便抗癌等功效。海带有清热排毒、乌发、消脂等作用。且二者都富含碘、锌、磷等矿物质，对养发、乌发有一定疗效。
- 紫菜、海带搭配滋阴养血的鸡蛋，可增强头发的营养供应，改善不良发质。
- 脾胃虚寒、便溏、腹泻者不宜多吃海带、紫菜。

果仁
黑芝麻羹

功效

养发乌发，固发防脱，润肤抗衰。

材料

黑芝麻粉50克，炒腰果20克。

调料

白糖、淀粉各适量。

做法

1 黑芝麻粉、白糖放入煮锅，加入温水搅匀，煮沸，勾芡成糊状，盛入碗中。

2 腰果捣碎，撒在芝麻糊上，吃时搅匀即可。

调养手记

○ 黑芝麻是养发的首选食品，不仅可以润泽发质，抚平干枯毛糙，还能黑亮秀发、牢固发根，使之不易脱落。此外，黑芝麻还有养血润肤、健身壮骨、益智抗衰、润肠通便等功效。

○ 此羹适合毛发枯槁不润、早白、脱发，皮肤干燥多皱、干痒脱屑，眼睛干涩，骨质疏松，肠燥便秘者常吃。

○ 腹泻、便溏、肥胖多脂者不宜多吃。

黑豆桑椹羹

功效
补益肝肾，乌发明目。

材料
鲜桑椹200克，黑豆100克。

调料
白糖15克，蜂蜜30克。

做法
1 将黑豆浸泡涨发后用煮锅煮至软烂，捞出，沥水备用。

2 将鲜桑椹去蒂，洗净，放入煮锅中，加白糖和少许水，煮至软烂，晾凉后加蜂蜜捣成酱。

3 将煮好的黑豆和桑椹酱充分拌匀即成。

调养手记

◎ 桑椹可滋补肝肾、生津润燥，黑豆可补益肾阴、乌发润发、通肠排毒。

◎ 此羹适合肝肾阴虚、血虚失养所致的头发早白、脱发、枯发、容颜早衰以及目暗昏花、虚烦内热、失眠健忘者，尤宜中老年女性食用。

◎ 桑椹性偏寒凉，脾胃虚寒、腹泻者慎食。

桑椹

大枣核桃夹

功效

调肝、健脾、养血，健脑益肾，补充头发营养，润发固发。

材料

大枣100克，核桃仁50克，熟芝麻适量。

调料

蜂蜜适量。

做法

1 大枣从中间切开，切到2/3处左右即可，去除枣核。

2 核桃仁放入烤箱，设180℃，烤5分钟，取出。

3 把核桃仁夹入大枣内，码盘，淋上蜂蜜，撒上熟芝麻即可。

调养手记

○ 大枣补脾益气，养血安神；核桃仁润发乌发、益肾健脑；芝麻滋阴养血，润肤养发；蜂蜜则能润燥排毒。

○ 这道小点能补益肝、脾、肾，适合气血不足所致的肌肤、毛发失养者，常食还能抗衰老、补虚损、延年益寿。

○ 此小点热量较高，积滞胀满、肥胖多脂者不宜多吃。

眼睛更有神，明眸善睐魅力添

眼睛是"心灵之窗"，灵动而有神采的眼睛让女性更有魅力，而眼神黯淡无光、眼睛干涩、红肿疼痛、视物昏花等状况则会让人显得疲惫倦怠、没有精神。

"目受血而能视"，肝开窍于目，养护眼睛的关键是滋养肝血。平日用眼过度、视力不佳者可以适当多吃猪肝、羊肝、鸡肝、鸭肝、胡萝卜、菠菜、荠菜、花生、鸡蛋、牡蛎、海参、绿豆、黑豆、鳝鱼、枸杞子、桑椹、蓝莓等食材，也可适当添加决明子、枸杞子、菊花等药材，让眼睛更水润清亮。

决明羊肝粥

功效

补益肝血，清泄肝火，养肝明目。

材料

羊肝、粳米各100克，决明子15克。

调料

盐、鸡精各适量。

做法

1 将羊肝洗净，焯水后切丁。

2 将决明子放入砂锅，加适量水小火煮20分钟，滤渣，留汤，倒入粳米煮30分钟，放入羊肝和调料，煮沸即可。

决明子

调养手记

○ 决明子是益肝明目的良药，能清泄肝火、平抑肝阳、降压通便。常用于目赤肿痛、羞明多泪、目暗不明、头痛眩晕、肠燥便秘等。

○ 决明子搭配养血明目的羊肝，可护肝养眼，适合目赤涩痛、多泪、视力不良、视疲劳、目无神采者食用。

○ 决明子有缓泻作用，脾虚腹泻者忌用。

杞菊粥

功效
滋养肝阴，疏风明目。

材料
枸杞子15克，白菊花5克，粳米100克。

调料
冰糖适量。

做法
1 白菊花放入锅中，加适量水煮20分钟，滤渣留汤。

2 粳米淘洗干净，倒入锅中，补足水，大火烧开，放入枸杞子，改小火煮至粥将成，加入冰糖，再略煮一会儿即可。

调养手记

● 白菊花疏风散热，枸杞子益精滋阴，搭配食用，可起到平抑肝阳、滋养肝阴、养护视力的作用，适合头痛眩晕、眼目昏花、眼睛干涩、目赤肿痛及有白内障、视力下降者。

● 此粥也常用于风热感冒、高血压、头痛发热、疮疡肿毒、烦躁易怒、热结便秘及慢性肝病者。

● 脾胃虚寒、便溏、泄泻者不宜。

叁

气血畅

身材棒

一胖毁所有，减肥瘦身更窈窕

保持窈窕身材是每个爱美女性的理想，它不仅体现着不亚于颜值的女性之美，也是维护健康的必要保证。

肥胖的类型很多，有实胖也有虚胖，但有一个共同特点，就是人体代谢功能不佳，不能及时把体内的代谢产物、痰湿、多余的脂肪、水液等排出体外，积蓄日久，不仅会令体形臃肿肥胖，也会生化为内邪而致病。

因此，减肥要在加强锻炼、控制热量摄入的同时，促进机体的运化和代谢，保持肠道通肠。少吃肥甘油腻，多吃蔬菜、水果等低热量、高纤维的食物，是饮食减肥的原则。

荷叶瘦身茶

功效
清热凉血，利尿通便，轻身减肥。

材料
荷叶10克，绿茶5克。

做法
将荷叶和绿茶放入茶壶中，以沸水冲泡，加盖闷15分钟后，倒出饮用，可多次冲泡。

荷叶

调养手记

○ 绿茶是天然的清热消脂品，搭配清热解暑、利尿通便的荷叶，瘦身作用良好，适合湿热、多脂、水肿、便秘、饮食油腻、高血压、高血脂的肥胖者，腹部及下半身肥胖者尤宜。

○ 此茶夏季饮用，不仅可以瘦身，还有清热解暑、消除烦渴的效果。

○ 脾胃虚寒、气虚体弱、便溏、腹泻者不宜。

胡萝卜甘薯饮

功效
清肠排毒，减肥瘦身。

材料
胡萝卜、甘薯各70克。

做法
1 胡萝卜、甘薯分别去皮，洗净，切片。

2 一起放入榨汁机中，加适量水，搅打成汁，过滤后盛出，即可饮用。

调养手记

○ 甘薯、胡萝卜都是低热量、粗纤维食物，此饮能促进消化、润肠通便、排毒养颜，对饮食积滞、便秘、肥胖、高血压、高血脂、高血糖等均有改善作用。

○ 此饮不仅能减肥瘦身、净肠排毒，还能养血润肤、清肝明目、防癌抗癌，常饮让人"轻身不老"。

○ 脾胃虚寒、便溏、腹泻者不宜。

甘薯又叫山芋、番薯、红薯、白薯、地瓜等

秋葵豆腐

功效
瘦身，降脂，降糖。

材料
秋葵50克，嫩豆腐1块，红辣椒段适量。

调料
海鲜汁、白糖、胡椒粉各适量。

做法
1 把嫩豆腐切成3厘米厚、8厘米见方的大块，放入盘中。
2 秋葵去蒂，切小段，焯水断生，放在豆腐上；红辣椒段也放在豆腐上。
3 将所有调料放入碗中，加少许水，调成味汁，淋在秋葵和辣椒上即成。

秋葵

调养手记

○ 豆腐可益气和中，生津润燥，清热解毒，下大肠浊气，消胀满。秋葵有调整肠胃功能、降血糖、提高免疫力的作用。

○ 此菜高营养，低热量，有饱腹感，既能减肥瘦身，又能补充足够的蛋白质、钙、铁等营养，避免出现过度节食而营养不良的现象，适合肥胖及血脂、血糖偏高者。

○ 易胀气者及痛风患者不宜多吃豆腐。

高粱苦瓜粥

功效
降脂，清热，减肥。

材料
苦瓜100克，高粱150克。

调料
冰糖适量。

做法
1 高粱淘洗干净；苦瓜去瓤，洗净，切丁。

2 煮锅中加入适量水，倒入高粱煮至粥稠，放入苦瓜丁、冰糖略煮即成。

调养手记

- ⭕ 高粱在谷物中营养价值较低，蛋白质和淀粉的利用率均不高，再搭配低热量、性苦寒的苦瓜，既能增加饱腹感，又能有效降低营养摄入，缓解因过度进食造成的肥胖。

- ⭕ 高粱可燥湿祛痰、宁心安神，苦瓜可清热解毒。此粥也适合暑热烦渴、食积、胃痞不舒、肠炎痢疾、失眠多梦者及高血压、高血脂、高血糖患者食用。

苦瓜

茯苓赤豆粥

功效

健脾胃，利小便，消水肿。

材料

粳米100克，赤小豆、茯苓各30克。

做法

1 将赤小豆、茯苓分别淘洗干净，放入砂锅中，加入适量水煮沸，再改小火煮1小时。

2 至赤小豆开花时，放入粳米续煮30分钟即可。

赤小豆也叫红豆、红小豆、赤豆

调养手记

- 赤小豆、茯苓都是健脾除湿、利尿消肿的药食两用材料，赤小豆更有"久食瘦人"之说。体质湿热或痰湿、有水肿倾向的超重者宜吃，尤其对腹部和下半身肥胖者有很好的减肥效果。

- 此粥也适合血压、血脂、血糖偏高者食用。

- 体型瘦弱、尿频、尿多者不宜。

牛蒡拌木耳

功效

清热解毒，通便降脂。

材料

牛蒡150克，水发黑木耳100克，红尖椒50克，葱花适量。

调料

白醋、白糖各10克，香油、盐、鸡精各适量。

做法

1 牛蒡去皮，切成丝，放入白醋水中浸泡一会儿，焯水备用。

2 红尖椒去蒂、瓤，切成丝；黑木耳洗干净。

3 锅中倒入油烧热，煸香葱花，放红尖椒丝略炒，放入黑木耳、牛蒡丝翻炒，依次加入白醋、白糖、盐、鸡精调味，淋香油，炒匀出锅。

调养手记

○ 牛蒡和木耳都是低热量、高纤维食物，疏通肠胃、净肠排毒的作用强。

○ 此菜适合肥胖兼有便秘、高血脂、心血管疾病及糖尿病患者食用，并有一定的抗癌作用。

○ 营养不良、瘦弱、腹泻者不宜多吃。

魔芋辣白菜

功效
减肥，降三高，宽肠通便。

材料
韩式辣白菜100克，魔芋半成品50克。

调料
香油10克，盐适量。

做法
1 把魔芋半成品焯水后，放入凉开水中冷却，沥水，装盘。
2 韩式辣白菜切小块，也放入盘中，加盐和香油，搅拌均匀即可。

魔芋也叫蒟蒻（jǔ ruò），不可生食，加工成多种样式的制成品后方可食用

调养手记

○ 魔芋富含粗纤维，有畅通肠胃、解毒消肿、减肥通便、降压降脂、平稳血糖的功效。

○ 辣白菜一方面可刺激肠胃蠕动，促进代谢，另一方面可调节口味，以免魔芋制品食之乏味。

○ 营养不良、气虚瘦弱者不宜多吃。

荞麦汤面

功效

清肠消积，瘦身降脂。

材料

荞麦挂面、猪里脊各100克，胡萝卜、韭菜、豆腐干各50克。

调料

淀粉15克，生抽、米醋、香油各10克，鸡精适量。

做法

1 将韭菜洗干净，切段；猪里脊洗净，切丁，用水淀粉上浆；胡萝卜去皮，洗净，切丁；豆腐干切成丁。

2 煮锅中放入适量水烧开，放入挂面、胡萝卜、豆腐干，煮至面熟时放入肉丁氽熟，放入韭菜、生抽、醋、鸡精，煮沸时淋香油即可。

调养手记

- 荞麦是我国传统杂粮之一，与韭菜一样，都有"净肠草"之称，清肠排毒的能力很强。
- 荞麦面和菜、肉、豆制品的完美结合，既能吃出饱腹感，又不用担心肠胃积滞，最适合肥胖兼有便秘、高血压、高血糖、高血脂者食用。
- 此面中的猪肉、胡萝卜、豆腐干均有益气养血的作用，使人营养充足又不怕胖。

冬瓜海带木耳汤

功效

通利大小便，促进代谢，减肥，降三高。

材料

海带、冬瓜各100克，水发木耳50克。

调料

酱油、盐、胡椒粉各适量，葱花少许。

做法

1 将冬瓜去皮、瓤后切片；海带切丝。

2 锅中倒油烧热，下葱花炝锅，加酱油和适量水，放入冬瓜片、海带丝、木耳，小火炖10分钟，放盐、胡椒粉调味即可。

调养手记

○ 海带、冬瓜均有利小便、通大便的清热泻下作用，黑木耳则能净肠排毒、软化血管。

○ 此汤适合湿热、痰湿水肿型肥胖者，并有助于改善热结便秘、腹胀水肿、小便少而黄、烦热口渴、皮肤疮疡痈肿等症状。

○ 高血压、高血脂、动脉硬化、冠心病、糖尿病患者也宜常吃。

○ 脾胃虚寒、腹泻、便溏者不宜。

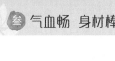

瘦弱体质差，丰韵才有女人味

女性过瘦、体脂不足时，容易引起内分泌功能紊乱，导致月经失调甚至闭经，也容易出现贫血，面色苍白、萎黄，皮肤多皱，毛发干枯等早衰现象。更令人担心的是，有些女性刻意通过节食减肥而造成厌食，导致的骨瘦如柴还哪里有美丽可言！女性的体脂率本来就高于男性，这是女性维持正常月经、准备孕育生命的生理需要。保持适当的脂肪和体重，能让女性更有美感，也更健康。

偏瘦的女性应多吃些健脾胃、益气血的食物，如动物肉、鸡蛋、豆腐、乳制品、根茎类蔬菜、坚果、干果类食物等。

参芪鸡肉粥

功效
补气养血，增强体力。

材料
党参、黄芪各12克，粳米、鸡胸肉各100克，枸杞子3克。

调料
盐适量。

做法
1 粳米淘洗干净；鸡胸肉洗净，剁成鸡肉馅。

2 砂锅中放入党参、黄芪、粳米和适量水，大火烧开，撇去浮沫，改小火煮30分钟，至粥稠时放入鸡肉馅滑散，加入枸杞子，再煮沸，加盐调味即可。

调养手记

○ 党参、黄芪都是补气良药，鸡肉温补气血，枸杞子补益肝肾，滋阴养血。

○ 以上材料共同煮粥，更能养护脾胃，有助消化，适合气虚乏力、劳倦过度、精力不济、瘦弱虚羸、血虚津干、容颜早衰、免疫力低下者。

○ 气滞胀满、阴虚阳亢者不宜多食。

羊肉鸡蛋面

功效

健脾暖胃，益气补血。

材料

羊肉、面粉各150克，鸡蛋2个，葱花少许。

调料

盐、酱油、香油各适量。

做法

1 面粉中加入鸡蛋、水和成面团再制成面条；羊肉切成丝，焯熟备用。

2 锅中倒少许油烧热，下葱花煸香，倒入酱油和适量水烧沸，下面条煮熟，放入羊肉，加入盐和香油调味即成。

调养手记

- 羊肉可健脾暖胃、助阳生热、益气补血，鸡蛋能滋阴润燥、生肌养颜。
- 此面适合体质偏虚寒、手脚冰冷、面色苍白或萎黄、筋骨不健、肌肉不丰、皮毛干枯、瘦弱乏力、神疲劳倦者常食。
- 体质偏热、内火盛者不宜多吃羊肉。

回锅肉

功效

滋阴润燥，补虚强壮。

材料

带皮猪后腿肉300克，青椒100克，青蒜苗50克，葱花、姜片各少许。

调料

豆瓣酱30克，料酒、酱油、白糖、盐、鸡精各适量。

做法

1 青椒去蒂、子，洗净，切成块；青蒜苗洗净，斜刀切段。

2 带皮猪后腿肉洗净，切成大块，放入冷水锅中，大火烧开，去浮沫，倒入料酒，放姜片，改小火煮30分钟，捞出晾凉后切成厚片备用。

3 炒锅上火，倒适量油烧热，下葱花炒香，放入豆瓣酱略炒，倒入肉片煸炒出油时放入酱油、白糖、盐、鸡精炒匀，倒入青椒、青蒜苗略炒即可。

调养手记

○ 动物肉对补益气血、生肌增肉最为直接有效，猪肉脂肪含量很高，尤其能滋阴润燥、养肤美容，是瘦弱干枯者的补虚佳品。

○ 此菜适合虚劳羸瘦、血虚津亏、贫血乏力、营养不良、肌肤干皱、毛发不润、大便干结者食用。

○ 湿热偏重、痰湿偏盛、肥胖多脂者不宜。

土豆烧牛肉

功效
生气血，增肌肉，壮骨骼。

材料
牛肉400克，土豆200克。

调料
料包（葱段、姜片、蒜瓣各20克，桂皮、大料、花椒、草果各适量），料酒、酱油、白糖各20克，盐适量。

做法
1 将牛肉切大块，焯水后洗净；土豆去皮，洗净，切滚刀块。

2 锅中倒油烧至五成热，放入土豆块，煸至金黄，捞出。

3 锅中留余油，加白糖炒糖色，放入牛肉块翻炒至上色，加酱油略炒，倒入开水没过牛肉，烧开后加料酒和料包，加盖，改小火煮1小时，放入土豆块和盐，续煮15分钟，大火收汁即成。

调养手记

- 此菜健脾胃、生气血、增肌肉、长力气、壮骨骼，常食可令身体强壮，肌肉丰满。
- 身体瘦弱、疲惫劳倦、脾胃不健、营养不良、贫血、骨质疏松、四肢乏力、毛发干枯者尤宜多吃，青少年多吃可促进发育。
- 气滞胀满、积滞难化、肥胖多脂者不宜多吃。

山药排骨汤

功效

益气养阴，补血生肌。

材料

猪排骨250克，鲜山药100克，
葱段、姜片、香菜段各20克。

调料

料酒、白糖各15克，盐适量。

做法

1 山药去皮，洗净，切滚刀块，
   排骨剁小块，焯水。

2 将排骨放入锅中，加适量水，
   大火煮沸，撇去浮沫，倒入料
   酒，放葱段、姜片、白糖，改
   小火炖1小时。

3 去葱段、姜片，放山药块续煮
   20分钟，加盐调味，盛入汤
   碗，撒上香菜段即可。

调养手记

○ 山药可补益脾、肾、肺，是气阴双补的食
材，且容易消化，是体质虚弱羸瘦、营养不
良者的滋补良药。

○ 山药搭配滋阴养血的猪排骨，可益气养血，
补虚强身，适合气血不足、形体瘦弱、疲乏
倦怠、四肢无力、食少便溏、容颜早衰、免
疫力差者常食。

○ 湿盛中满、积滞、大便燥结者不宜多吃。

挺拔又丰满，丰胸要靠气血足

女性健美的身材离不开挺拔丰满的胸部。要想乳房发育充分，就要从女孩青春期开始，注重气血的调养，只有饮食营养丰富、气血充足，才能促进第二性征的发育，调节雌激素水平，并有助于生殖系统的完善，为日后的怀孕、妊娠、哺乳做好准备。

女性乳房的主要成分是脂肪，所以，要想丰胸就不能"谈脂色变"，尤其在生长发育时期，蛋白质和脂肪是人体必不可少的"建筑材料"，应适当多吃一些。

丰胸宜多吃肉类食物、富含胶原蛋白的食物、鸡蛋、豆腐及其他豆制品、牛奶及其他乳制品、坚果类食物等。

牛奶木瓜球

功效

养胃，美颜，丰胸。

材料

木瓜200克，牛奶250克。

调料

冰糖适量。

做法

1 木瓜剖开，去籽，用挖球器在木瓜肉上挖取木瓜球，放入蒸碗，加入冰糖，倒入牛奶，包上保鲜膜。

2 蒸锅上火烧开，放入蒸碗，大火蒸15~20分钟即可。

木瓜

调养手记

○ 牛奶有养阴补血、丰胸通乳的作用，木瓜是东南亚人常用的传统丰胸品。

○ 这道甜点不仅口味甜美，而且有润泽肌肤、温养脾胃、丰胸健体的功效，是女性理想的补益品，青春期的女孩食用可促进胸部发育。

○ 如饮牛奶容易腹胀者，可用酸奶代替牛奶。

猪蹄粥

功效

润肤，丰胸，通乳。

材料

猪蹄100克，粳米100克，姜片15克，香葱末少许。

调料

料酒15克，盐、鸡精各适量。

做法

1 粳米淘洗净；猪蹄剁小块，洗净，焯水。

2 煮锅中放入猪蹄，加适量水，大火烧开，放料酒、姜片，改小火煮1小时。

3 倒入粳米续煮30分钟，加盐、鸡精，盛入碗中，撒上香葱末即可。

调养手记

- 猪蹄富含胶原蛋白和脂肪，有养血增乳、强健筋骨、润肤美容的功效。

- 此粥适合气血不足、乳房发育不良、肌肤粗糙不润者食用，产后乳汁不足者也宜多食。

- 除了发育期的女孩、产后乳母之外，此粥还适合四肢疲乏、腰膝酸软、虚弱贫血、早衰多皱的中老年女性食用。

- 肥胖及高血压、高血脂、高血糖者不宜多吃。

花生凤爪汤

功效

养血丰胸，生乳润肤。

材料

鸡爪300克，花生仁50克，葱段、姜片各15克。

调料

料酒、五香粉各15克，白糖、盐各适量。

做法

1 将鸡爪洗净，剁段，焯水。

2 锅中放入鸡爪，加适量水煮沸，撇去浮沫，放入料酒、白糖、葱段、姜片、五香粉，改小火炖1小时。

3 去葱、姜，放入花生仁、盐，续煮20分钟即可。

调养手记

○ 花生补血养颜，鸡爪含有大量的胶原蛋白，有丰胸通乳的作用。

○ 此汤适合身体瘦弱、面色苍白、发育不良或迟缓、营养不佳、肌肉及乳房不丰者多食，产后乳汁不足者也宜食用，有下奶的作用。

○ 湿热、痰湿偏盛、肥胖多脂者不宜多吃。

黄豆排骨汤

功效

调节雌激素水平，丰胸通乳。

材料

排骨250克，黄豆50克，葱段、姜片各15克。

调料

料酒20克，五香粉、盐各适量。

做法

1 将黄豆用水泡发；排骨洗净，剁成块，焯水备用。

2 煮锅中放入适量水，大火烧开，放入排骨、黄豆、料酒、葱段、姜片、五香粉，改小火煮1小时，至豆软、肉烂。

3 去葱段、姜片，放盐调味即可。

调养手记

● 黄豆富含植物蛋白，且含有植物雌激素——异黄酮，可双向调节人体内雌激素的含量，促进性发育，从而起到丰胸作用。

● 黄豆搭配滋阴养血、骨肉丰满的排骨，营养更互补，使人气血充盈、身体强壮，适合营养不良、发育迟缓、肌肉不丰、筋骨不健者多吃，尤宜青春发育期及产后哺乳女性。

● 气滞、湿热、痰湿偏盛及肥胖多脂者不宜。

气血畅 经血调

肆

经期常紊乱，经血异常及时调

月经不调是指月经的周期或经量异常，是女性常见的疾病。其中以月经周期异常为主的有月经先期、月经后期及月经先后不定期；以经量异常为主的有月经过多、月经过少、闭经等。

不少女性生活压力大、工作紧张、作息不规律，都易引发内分泌功能失调或卵巢出现问题，造成月经不调。此外，对于青春期刚来月经的女孩也容易出现月经不调。

女性月经主要关系到肾、肝、脾三脏，在调养时要以"补肾益精、养肝疏肝、补脾益气"为主要原则。

由于月经不调可能由血热、血寒、血虚、血瘀等不同原因引起，在调养时要分清具体情况。

生姜红糖饮

功效

温经散寒，活血调经，和血行瘀，用于月经过少及痛经。

材料

红糖50克，生姜8克。

做法

1 生姜切片，加红糖和适量水，煎汤后代茶饮。

2 每日喝2次，连续服用至下次月经来潮为止。

红糖

调养手记

● 此茶可活血化瘀、温暖脾胃、调经止痛，适合因血寒或寒湿凝滞引起的月经过少、经期常推迟、闭经、小腹冷痛等症状，是温经散寒的传统良方。

● 血热、经血过多、经期常提前者不宜食用。

双花调经茶

功效
活血调经，疏肝解郁。

材料
月季花、玫瑰花各8克。

调料
红糖适量。

做法
1 月季花、玫瑰花一起放入砂锅，加适量水，小火煎煮20分钟，滤渣取汤。
2 将汤倒入杯中，放入红糖，搅匀即可饮用。

调养手记

○ 玫瑰花可疏肝解郁、活血止痛，月季花可活血调经、散毒消肿。

○ 此茶适合肝气郁结、气滞血瘀所致的月经不调、痛经、闭经、心情郁闷不畅、肝胃气痛、经前乳房胀痛及胸胁胀痛者。

○ 脾胃虚寒、便溏、经期血量多者及孕妇不宜食用。

月季花

花生红枣饮

功效

补中益气，养肝生血，改善血虚经少。

材料

大枣、花生仁各30克。

调料

白糖适量。

做法

1 将大枣切开，去核，放入煮锅，花生仁也放入煮锅，加适量水烧开，改小火煮30分钟，晾凉备用。

2 将煮好的花生仁、大枣肉连汤一起倒入榨汁机，搅打成糊状汁，倒入杯中，加白糖搅匀即可。

调养手记

◎ 大枣健脾养胃，补血安神，花生也是益气补血的常用食材。

◎ 此饮补血效果好，对气血虚弱、贫血、体弱偏瘦、出血过多者有补益调养的作用，也适合血虚所致月经量少、色淡，非经期出血，经期常推迟甚至闭经者。

◎ 气滞胀满、痰湿壅阻及肥胖、糖尿病者不宜多吃。

益母草茶

功效
活血调经，缓解痛经。

材料
益母草20克，绿茶2克。

做法
将益母草、绿茶放入茶壶中，用沸水冲泡，加盖泡15分钟后即可饮用。

调养手记

- 益母草可活血调经，清热解毒，常用于血滞经闭、经行不畅、痛经、产后恶露不尽、瘀滞腹痛等。
- 此茶适合因血瘀引起的经期紊乱、月经量少不畅、经血色黑有块、小腹胀痛者饮用，痛经时代茶饮有缓解效果。
- 虚寒、无瘀滞、阴虚血少者及孕妇忌用。

益母草

荸荠莲藕汁

功效

清热凉血，散瘀，止血。

材料

莲藕、荸荠各100克。

调料

白糖适量。

做法

1 将莲藕、荸荠分别去皮，洗净，切成丁。
2 把莲藕丁、荸荠丁放入打汁机，加适量水，搅打成汁。
3 打好汁倒入杯中，放入白糖，搅匀即可饮用。

藕

调养手记

◎ 荸荠可清热止渴、利湿化痰，生莲藕可凉血散瘀、止渴除烦。

◎ 此饮有清热凉血的作用，适合因血热引起的月经期常提前、月经血量过多、非经期出血者食用，如有热病烦渴、津干咽肿及其他热性炎症、出血症者，也宜饮用。

◎ 体质虚寒及血虚者慎服。

玫瑰粥

功效
活血化瘀，调经止痛。

材料
干玫瑰花15克，粳米100克。

调料
红糖适量。

做法
1 将粳米淘洗干净后倒入锅中，加适量水烧开，改小火煮20分钟，放入玫瑰花继续煮15分钟。

2 将粥盛入碗中，调入红糖拌匀即可。

调养手记

○ 玫瑰花有活血散瘀、疏肝解郁、和胃理气、调经养颜的功效，是女性保健良药。

○ 此粥适合气滞血瘀、心情不畅、胸胁胀闷、肝胃气痛、面色晦暗、色斑多生、月经不调、痛经的女性食用。

○ 玫瑰花有活血作用，孕妇不宜食用。

玫瑰花

姜归羊肉粥

功效

益气补血，散寒止痛，活血调经。

材料

羊肉20克，当归15克，生姜3克，糯米100克。

调料

盐、鸡精各适量。

做法

1 将羊肉洗净，切成丝备用；糯米淘净。

2 砂锅中放入当归、生姜和适量水，煎煮30分钟，滤渣留汤。

3 加入糯米、羊肉，续煮成粥，再放入盐、鸡精调味即成。

当归

调养手记

◎ 此方源于医圣张仲景《金匮要略》，临证常用。

◎ 羊肉健脾暖胃，益气补虚。当归是补血圣药，可补血活血，调经止痛。生姜暖胃祛寒。

◎ 此粥可暖中止痛，活血调经，适合血虚、血寒、血瘀等引起的月经不调、小腹冷痛、手脚冰凉、贫血者食用，虚寒体质者尤宜。

◎ 体质偏热、湿阻中满、燥热烦渴、出血偏多者不宜食用。

阿胶蛋汤

功效
养血止血，用于月经量多。

材料
鸡蛋1个，阿胶15克。

调料
红糖适量。

做法
1 将鸡蛋打入碗中，搅打均匀成鸡蛋液，备用。

2 砂锅中加适量水烧开，放入阿胶，煮至融化时倒入鸡蛋液滑散，加入红糖，略煮即成。

调养手记

○ 阿胶可补血滋阴，润燥，止血。常用于女性血虚、出血诸症。

○ 阿胶与滋阴养血的鸡蛋同用，可增强补血效果，适合气血俱虚、血不归经所致的月经不调、月经出血量多者食用。

○ 阿胶比较滋腻，不易消化，脾胃虚弱者不宜多用。

阿胶

龙眼乌鸡汤

功效

益气补血，调经活血，止崩止带。

材料

乌鸡250克，龙眼肉20克。

调料

料酒、姜片各20克，盐适量。

做法

1 乌鸡洗净，切块，焯水。

2 乌鸡块放入锅中，加适量水，大火煮沸，去浮沫，放入龙眼肉、姜片和料酒，改小火煮1小时，去姜片，加盐调味即可。

龙眼肉

调养手记

- 龙眼肉可补益心脾，养血安神，可用于气血不足所致的血虚萎黄、神经衰弱等症，是女性常用的滋补品。

- 乌鸡可补肝肾，益气血，退虚热，止崩止带，是女性滋补常用食物。

- 此汤适合血虚引起的月经量异常、经期紊乱、非经期出血、白带异常者。

- 湿盛中满、内有痰火、湿滞者及孕妇不宜食用。

痛经不再来，温经活血能见效

痛经是指行经前后或经期小腹疼痛，并随着月经周期性发作。原发性痛经常见于未婚女性，通常疼痛感要在经期开始两三天后才慢慢消失。继发性痛经则是子宫发育不良、子宫颈管狭窄、盆腔炎、子宫内膜异位症等疾病所引起的持续性疼痛。痛经多由于气滞血瘀、寒湿凝滞及气血虚弱等原因所致。

女性在行经期间都要注意饮食温热，不宜生冷、苦寒、酸涩的食物，以免加重痛经。痛经时可多吃些活血化瘀、散瘀止痛的食物，如红糖、山楂等，适当添加玫瑰花、当归、白芍、川芎等养血、止痛、活血药物也有一定效果。

山楂红糖饮

功效

活血化瘀，暖中止痛，祛瘀生新，用于经行不畅、痛经。

材料

干山楂20克。

调料

红糖适量。

做法

1 将干山楂洗净，放入砂锅中，加适量水，小火煮20分钟。

2 将汤汁倒入碗中，放红糖搅匀即可饮用。

山楂

调养手记

◯ 山楂可破瘀血、通经脉，红糖可补血止痛、调经暖腹。

◯ 此汤是传统的活血调经、化瘀止痛食疗方，可缓解瘀血经闭、痛经、产后瘀阻等症状，常用于寒凝气滞、气血瘀阻引起的经期紊乱、瘀血腹痛、经行不畅、经血量少。

◯ 经血量过多者及孕妇不宜饮用。

姜枣茶

功效

健脾益气，活血化瘀，治腹寒痛经。

材料

大枣300克，炮姜30~40克，甘草6克。

调料

盐6克。

做法

1 将大枣去核，炒制后碾成末；炮姜、甘草研磨成粉。

2 各药盐炒制后混匀，存储于可密封的瓶中备用。

3 每次取6~10克混合粉装入茶袋，用开水冲泡即成。

调养手记

● 炮姜是经过炮制的干姜，温中止痛、温经止血的效果更好。没有炮姜时也可用生姜。

● 炮姜搭配健脾养血的大枣和益气止痛的甘草，可起到温经止血、通络止痛的作用，适合腹寒痛经、虚寒型出血，兼有手脚冰冷、食欲不振、面色苍白的虚寒体质者饮用。

● 阴虚内热、血热妄行者忌服，孕妇慎服。

炮姜

月季花粥

功效

疏肝理气，活血调经，理气止痛，用于月经不调及痛经。

材料

月季花6克，粳米100克。

调料

蜂蜜适量。

做法

1 粳米淘洗干净；月季花泡软。

2 煮锅中倒入粳米，加适量水，大火烧开，放入月季花，改小火煮至粥成。

3 盛入碗中，晾温后加入蜂蜜，拌匀即可食用。

调养手记

○ 月季花也是常用的活血药，有活血调经、疏肝解郁、理气止痛的功效。

○ 此粥适合肝气郁结、气滞血瘀引起的月经不调、痛经、闭经、赤白带下、胸胁胀痛者经常食用、调养。

○ 脾胃虚寒、经期血量过多者及孕妇慎食。

当归大枣粥

功效

益气补脾，养血调经。

材料

粳米100克，当归15克，大枣
10枚。

调料

白糖适量。

做法

1 将粳米淘洗干净，大枣去核、
  掰开。

2 将当归、大枣放入砂锅中，加
  适量水，小火煮20分钟。

3 再倒入粳米、白糖，续煮30
  分钟，至粥稠即成。

调养手记

- 当归有补血活血、调经止痛的功效，搭配健
  脾养血的大枣，既能补血虚不足，又能活血
  化瘀、调经止痛。

- 此粥可用于因气血不足、血瘀引起的月经不调
  及痛经，尤宜月经量少色淡、经行不畅、经前
  及经期腹痛、伴有黯黑血块、闭经，且常伴面
  色苍白或萎黄、神疲乏力、面容早衰者。

- 湿阻中满者不宜。

川芎羊肉汤

功效
活血化瘀，散寒止痛。

材料
羊肉200克，川芎15克，枸杞子10克，姜片适量。

调料
料酒15克，盐、胡椒粉各适量。

做法
1 将羊肉洗净，焯水，切片。
2 羊肉片放入砂锅中，加适量水烧开，去浮沫，放川芎、姜片、料酒，小火煮30分钟。
3 去川芎、姜片，放枸杞子续煮15分钟，加盐，胡椒粉调味即可。

川芎

调养手记

○ 川芎具有活血行气、祛风止痛的功效。可用于月经不调、经闭、痛经、腹痛肿结、胸胁刺痛、跌扑肿痛、头痛、风湿痹痛等症。

○ 川芎搭配益气补虚、温中暖下的羊肉，可温经散寒，适合血虚、血寒、血瘀引起的月经不调、痛经、小腹冷痛及风湿痹痛、腰膝酸痛等症。

○ 阴虚火旺、月经血量过多者慎食。

闭经莫轻视，畅通气血增体质

闭经指月经应来而不来的情况。如16岁以上的女孩月经还未来潮，或已有规律月经者，月经停止6个月以上。排除一些器质性病理因素，闭经往往和女性的气血状况和心理状态有关。

女性的体脂率对月经非常关键，体重减轻10%～15%，或体脂丢失30%时可能出现闭经。所以，女性快速减肥、剧烈运动、厌食、营养不良、极度消瘦等都易引起闭经，一般属于气血过度损伤。

女性的精神状态对内分泌的影响很大，也是容易引起闭经的原因。如精神压力大、高度紧张、突发精神打击等，均易出现闭经的反应。

因此，要想防治闭经，首先要保证充足的营养，并调节不良情绪，促进气血的畅通，双管齐下才能见效。

红花粥

功效

活血通经，祛瘀止痛。

材料

红花10克，粳米100克，香葱末少许。

调料

盐适量。

做法

1 将红花装入调料袋中；粳米淘洗干净。

2 砂锅中放入装红花的调料袋和适量水，大火烧开，再改小火煮20分钟。

3 取出调料袋，再放入粳米，续煮30分钟，加盐调味，盛入碗中，撒上香葱末即可。

红花

调养手记

○ 红花是活血通经、祛瘀止痛的常用药。可用于闭经、痛经、产后恶露不行、瘀滞、肿块作痛、疮疡肿痛、跌打损伤等症。

○ 红花活血作用较强，且有兴奋子宫的作用，月经量多、有其他出血症者及孕妇均不宜。

桃仁粥

功效
活血祛瘀，用于闭经、痛经。

材料
桃仁15克，粳米100克。

调料
白糖适量。

做法
1 将桃仁、粳米放入锅中，加适量水，煮至粥稠即成。
2 吃时放入白糖调味即可。

调养手记

○ 桃仁是常用的活血化瘀药材，多用于瘀血阻滞引起的闭经、痛经、瘀血肿痛、跌扑损伤、肠燥便秘等症。

○ 桃仁有促进子宫收缩的作用，孕妇慎用。

○ 桃仁可润肠通便，便溏、腹泻者不宜。

桃仁

益母鸡汤

功效

活血通经，祛瘀生新。

材料

益母草15克，鸡蛋1个，芹菜50克。

调料

盐、鸡精各适量。

做法

1 将芹菜洗干净，切成小段；鸡蛋打入碗中，搅打均匀。

2 砂锅中放入益母草和适量水，小火煎煮25分钟，滤渣留汤。

3 汤中放入芹菜片，煮沸时倒入鸡蛋液，加盐、鸡精调味，再煮沸即成。

调养手记

○ 益母草为"妇科圣药"，是一味柔和的活血祛瘀药，能促进子宫修复、活血生新。常用于闭经、瘀血腹痛、子宫出血及产后恶露不尽等。

○ 芹菜除烦安神，鸡蛋滋阴养血，搭配益母草，可补气血，化瘀滞，适合气血瘀滞、肝血失养、精神压抑引起的月经异常、闭经、烦躁者。

○ 益母草可刺激子宫，孕妇慎用。

归芪甲鱼汤

功效

滋阴补血，通络止痛。

材料

处理干净的甲鱼200克，黄芪、当归各15克，姜片适量。

调料

料酒20克，盐、鸡精各适量。

做法

1 将处理干净的甲鱼剁成块，放入砂锅中，加适量水烧开，去浮沫。

2 放入黄芪、当归、姜片和料酒，小火煮1小时，至肉烂汤浓，放盐、鸡精调味即可。

调养手记

- 甲鱼有大补阴血、滋阴清热、活血通络的功效。黄芪益气，当归补血，二者合用，补气血的效果明显。

- 此汤补气血、通血脉、散瘀血，适合气血不足、血瘀引起的闭经，以及常伴有营养不良、食欲不振、瘦弱干枯、劳倦过度、体虚乏力者食用。

- 孕妇慎食。

甲鱼也叫鳖

气血畅 孕产安

伍

备孕养气血，调好宫寒易受孕

气血不足、子宫虚寒或气血瘀滞的女性不仅不容易受孕，即便已经受孕，也往往影响胎儿的健康，使胎儿先天不足、体弱多病。女性在怀孕期、产后恢复期及哺乳期都会有相当大的气血损耗，如备孕时就有亏虚状况，又怎能满足日后的身体需要呢？因此，女性要从备孕开始，就注重补养气血，增强体质。

宫寒是备孕的大敌，主要为子宫温煦不足、肾阳亏虚、寒气凝滞所致的痛经、小腹冷坠或有胀感、月经量少色淡、经期延迟或闭经、手脚腰凉、大便稀溏、性欲下降、无器质性病变而难以受孕、孕后易流产或反复流产、易患阴道炎等妇科杂病。

如有以上情况，要注意益肾暖宫、调理月经、补益气血。

养血助孕粥

功效

气血双补，暖宫助孕。

材料

糯米100克，龙眼肉、大枣、花生仁、莲子、花豆、核桃仁各15克。

调料

冰糖适量。

做法

1 将以上各材料淘洗干净。

2 煮锅中先放入莲子、花豆和适量水，小火煮1小时，再放入糯米、大枣、龙眼肉、花生仁、核桃仁、冰糖，煮20分钟至粥稠即可。

调养手记

○ 龙眼肉、大枣、花生、莲子、核桃仁、花豆等材料均有补气血、活络的作用，非常有助于女性子宫的保养。

○ 糯米可健脾胃，搭配这些干果、豆类食材，可起到气血双补的作用，且这些食材性偏温，能暖宫祛寒，生血助孕，适合体虚血亏、宫寒的备孕者食用。

○ 湿滞中满、气滞腹胀者不宜多吃。

抓炒羊肉片

功效

助阳气，散寒邪，补气血。

材料

羊肉250克，豌豆、黄瓜各50克，姜末、蒜蓉各少许。

调料

酱油、料酒各15克，淀粉10克，盐、鸡精、香油各适量。

做法

1 将黄瓜洗净，切片；豌豆洗净，焯熟备用；羊肉切成大薄片，下开水锅中汆烫至肉色变白即捞出。

2 把酱油、料酒、淀粉、盐、鸡精放小碗，加少许水制成调味汁。

3 炒锅上火，倒入油烧热，下姜末、蒜蓉炒出香味，倒入羊肉片、黄瓜片、豌豆翻炒，加入调味汁炒均匀，淋香油后出锅。

调养手记

- 羊肉味甘性温，可健脾暖胃，补肾助阳，益气养血，补虚祛寒。适合气血亏虚、虚劳羸瘦、脾胃虚寒、小腹冷痛、性欲缺乏、腰膝酸软者食用，且有一定的助性作用。

- 此菜健脾开胃，多吃令人肥健，宜瘦弱者，不宜肥胖者。

- 羊肉偏热性，外感时邪、体内有热及痰火者不宜多吃，以免加重燥热上火的症状。

芦笋口蘑汤

功效

补充叶酸，提高身体免疫力。

材料

口蘑70克，芦笋100克，火腿30克，清鸡汤适量。

调料

盐适量。

做法

1 将口蘑洗净，切片；芦笋洗净，切段；火腿切丝。

2 锅中倒入清鸡汤烧开，放口蘑、芦笋，煮5分钟，加盐调味，放入火腿丝即可。

芦笋

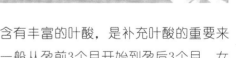

调养手记

○ 芦笋含有丰富的叶酸，是补充叶酸的重要来源。一般从孕前3个月开始到孕后3个月，女性就要开始增加叶酸摄入，以保证胎儿神经系统的发育。

○ 此汤可补益气血，补充多种维生素和矿物质，提高免疫力，适合备孕者增强体质。

○ 蘑菇、芦笋均为高嘌呤食物，痛风者不宜多吃。

姜粉鸡蛋汤

功效
暖中散寒，滋阴养血。

材料
鸡蛋1个，姜粉3克。

调料
淀粉、盐、鸡精各适量。

做法
1 将鸡蛋打入碗中，搅打均匀成鸡蛋液。
2 锅中倒入水，大火烧开，放入姜粉、盐、鸡精搅匀，用淀粉勾芡，倒入鸡蛋液，搅散，再小火煮沸即可。

调养手记

○ 姜粉可温中暖胃，解表散寒，止呕止吐；鸡蛋可滋阴养血。

○ 此汤适合脾胃虚寒、手脚冰凉、怕冷、气血不足、面色苍白者常食，有助于发散寒邪，改善虚寒体质。

○ 阴虚内热者不宜多用姜粉。

姜粉

双红乌鸡汤

功效

补气养血，疗补虚弱。

材料

乌鸡250克，大枣20克，枸杞子10克。

调料

料酒15克，盐适量。

做法

1 将乌鸡洗净，切大块，焯水备用；大枣掰开，去核。

2 锅中放乌鸡块和适量水，大火烧开，去浮沫，放入大枣、枸杞子和料酒，小火炖煮1小时，放盐再炖10分钟即可。

乌鸡

调养手记

○ 乌鸡健脾益肾、补气养血，大枣健脾益气、养血安神，枸杞子滋养肝肾。

○ 此汤可气血双补，滋养五脏，疗补虚弱，对女性气血虚弱有很好的调理作用，常食有助于增强体质，调节激素水平，提高受孕率。

○ 痰湿壅阻、积滞胀满、肥胖多脂者不宜多吃。

孕期养气血，母子平安好生产

孕期的女性除了要保证自身的营养，还要满足胎儿生长的营养需求，这些全靠饮食供给，所以说，孕期的饮食格外重要。

孕期饮食应以"补肾安胎、补脾益胃、滋养阴血"为保养原则。

在怀孕早期的3个月中，最容易发生流产，要特别注意安胎，并适当补充叶酸，调理好脾胃，缓解恶心、呕吐等症状。

怀孕中期的4个月比较平稳，但营养不足的话，容易出现贫血、缺钙等问题，应注意补益气血，增强体质，做好分娩储备。

怀孕后期的3个月容易出现抽筋、水肿、妊娠高血压、妊娠糖尿病等情况，饮食的重点在缓解不适症状，预防早产，保证顺利分娩。

安胎鲤鱼粥

功效

安胎气，防流产，消水肿，通乳汁。

材料

鲤鱼肉150克，粳米100克，香葱末适量。

调料

料酒、淀粉、盐各适量。

做法

1 鲤鱼肉洗净，切片，用料酒和淀粉抓匀。

2 粳米淘洗干净，倒入锅中，加适量水煮至粥稠时放入鱼片滑散，再煮沸时加盐调味，撒入香葱末即可。

鲤鱼

调养手记

◎ 鲤鱼有利水、消肿、下气、通乳的功效，常用于安胎，治水肿胀满、乳汁不通等。

◎ 此粥是我国经典的安胎食疗方，适合有胎动不安、习惯性流产、孕期水肿等症状的准妈妈多食，产后食用还有通乳作用。

◎ 鲤鱼为发物，有风热、皮疹瘙痒者不宜多吃。

奶酪焗土豆

功效

健脾胃，补钙质，益气血，适合孕期增强体质。

材料

土豆250克，奶酪丝30克，牛奶50毫升。

调料

白糖、盐各适量。

做法

1 将土豆洗净，蒸熟后去皮，捣成土豆泥。

2 土豆泥放入烤碗中，加白糖、盐和牛奶，搅拌均匀，撒上奶酪丝。

3 将烤碗放入预热的烤箱，选上面火，温度180℃，烤15分钟即成。

调养手记

◎ 怀孕期如果缺钙，容易腿脚抽筋。牛奶及乳制品是补充钙质的首选食物，一定要多吃。

◎ 土豆健脾养胃，是孕期呕吐、食欲不振时的温和补益品。

◎ 这道小吃营养丰富、热量充足，适合孕期气血不足或因呕吐没有胃口的准妈妈食用。

◎ 由于这道小吃热量较高，患有妊娠糖尿病及增重过快的准妈妈少食。

焗酿番茄盅

功效

补益气血，滋养五脏。

材料

番茄2个，内酯豆腐、豌豆、甜玉米、虾仁各50克。

调料

黄油粒、奶酪屑各15克，淀粉、盐、鸡精、胡椒粉各适量。

做法

1 番茄洗净，从有蒂的一头横向切开，挖净瓤，制成番茄盅。

2 内酯豆腐切成小丁，虾仁去线洗净。

3 锅中倒入适量水烧开，放入甜玉米粒、豌豆、内酯豆腐丁、虾仁，改小火煮5分钟，再放入胡椒粉、盐、鸡精，勾芡后盛入番茄盅，撒上黄油粒和奶酪屑，放在烤盘上。

4 将烤盘放入预热的烤箱，设定温度210℃，烤制8分钟即成。

调养手记

○ 虾仁、豆腐、豌豆、奶酪都是补钙和蛋白质的佳品，番茄、玉米则补充多种维生素和矿物质，并能保护心血管健康，控制血糖。

○ 此菜色彩丰富，营养充足，可滋养五脏，补益气血，增强免疫力，缓解缺钙抽筋、贫血、妊娠高血压、水肿等孕期不适。

砂仁蒸鲫鱼

功效

安胎，止孕吐，提振食欲。

材料

砂仁 6 克，鲜鲫鱼 1 条（约 400 克），生姜、葱各适量。

调料

蒸鱼豉油 15 克。

做法

1 将鲜鲫鱼去鳞、鳃及内脏，洗净；生姜切片；葱切丝。

2 将砂仁填入鲫鱼腹中，鲫鱼放入蒸盘，摆上姜片，上蒸锅蒸 10 分钟，取出。

3 倒入蒸鱼豉油，鱼身上放葱丝，淋热油即可。

调养手记

◎ 砂仁可燥湿醒脾、行气温中，对脾胃虚寒、气滞所致的吐泻、腹痛非常有效。

◎ 此菜适合妊娠恶阻所致的胎动不安、呕吐、不能进食者调养，尤宜体质偏虚寒的孕妇。

◎ 有寒湿气滞、脾胃不和、食欲不振、食少腹胀、恶心、水肿、便溏者也宜常食。

◎ 阴虚血燥、有热者慎用。

砂仁

山药胡萝卜鸡肉煲

功效

补气养血，安胎，强身。

材料

子鸡250克，山药、胡萝卜各100克，葱段、姜片各15克。

调料

酱油、料酒各15克，盐适量。

做法

1 子鸡洗净，切块，焯烫备用；山药、胡萝卜分别去皮，切块。

2 鸡块放入砂锅，倒入适量水，大火烧开后放入葱段、姜片和料酒，改小火煮30分钟。

3 去葱段和姜片，放入胡萝卜和山药，加酱油和盐，续煮15分钟，再大火收汁即成。

调养手记

- 鸡肉温补气血；山药健脾补肾，益气养阴；胡萝卜有养血润燥的作用。

- 此菜气血双补，益脾肾，养肝血，固胎气，止泻泄，有一定的强身安胎作用。从营养价值上看，钙、铁、蛋白质、维生素均充足，可保证孕期营养，是准妈妈的补益良方。

- 湿盛中满、有实邪、积滞、大便燥结者不宜多吃山药。

鱼肉豆腐羹

功效

健脾益气，补钙补血。

材料

草鱼肉、豆腐、胡萝卜各50克，香葱花少许。

调料

盐、鸡精、水淀粉各适量。

做法

1 将草鱼肉、豆腐、胡萝卜分别切成丁。

2 锅中倒水烧开，放入草鱼肉、豆腐、胡萝卜，小火煮10分钟。

3 加盐、鸡精调味，调入水淀粉勾芡后盛入碗中，撒上香葱即可。

调养手记

○ 豆腐、草鱼、胡萝卜均是健脾养血的食材，且豆腐可益气，草鱼可除湿，胡萝卜可润燥，共用能调养脾胃，益气养血。

○ 此菜可提供丰富的蛋白质、钙、铁及多种维生素，营养充足，特别容易消化，并对缓解孕期食欲不振、营养不良、贫血、抽筋、水肿、便秘、妊娠高血压等均有一定作用。

冬瓜鸭汤

功效

滋阴补虚，缓解妊娠水肿。

材料

鸭肉250克，冬瓜200克，香菜段少许。

调料

料酒15克，盐、胡椒粉各适量。

做法

1 将鸭肉剁块，焯水，洗净，放入锅中，加适量水，烧开，去浮沫，倒入料酒，改小火煮1小时。

2 冬瓜去皮、瓤，洗净，切块后也放入锅中，继续煮20分钟，加盐、胡椒粉调味。

3 将煮好的冬瓜鸭肉汤盛入汤碗，撒上香菜段即可。

调养手记

- 冬瓜有清热解毒、利水消痰、祛湿解暑的功效，鸭肉可养五脏、清虚热、除水肿。

- 此汤适合阴虚内热者凉补气血，并能有效缓解怀孕中后期易出现的妊娠水肿问题，尤宜有妊娠高血压、妊娠糖尿病者食用。

- 脾胃虚寒、腹泻、小便频多者不宜多吃。

产后养气血，乳汁充沛恢复快

产后一个月的调养被称为"坐月子"，这是我国特有的女性保养传统。坐月子强调气血的调补和养护，调养得当，能促进子宫复原和乳汁分泌，弥补分娩时的气血损耗，对改善女性体质有十分关键的作用。

产妇多有气血两虚的症状，在补益时宜气血同补，并以汤粥为主，可以促进消化、补充津液、增加乳汁分泌。同时，应适当吃些活血化瘀的食物，以帮助子宫收缩、排净恶露、减轻腹痛。需要注意的是，产后不宜过早节食减肥，补益增乳必然需要足够的蛋白质和脂肪，这是作为乳母不可或缺的营养，减肥在断奶后进行完全来得及。

龙枣小米粥

功效

滋阴养血，补气安神。

材料

小米100克，龙眼肉15克，大枣20克。

调料

红糖适量。

做法

1 小米淘洗干净，大枣、龙眼肉洗净。

2 砂锅中放入大枣、龙眼肉，加适量水，小火煮20分钟。

3 倒入小米，大火烧开，去浮沫，加入红糖，改小火续煮至粥稠即可。

调养手记

○ 小米也叫粟米，可滋阴养血、健脾和胃、补益虚损、祛瘀生新。我国北方许多地区都有坐月子吃小米红糖粥的习惯。

○ 大枣健脾养血又安神。龙眼肉可补益心脾、养血安神、促进子宫恢复，是南方许多地区的产后必备食物。搭配小米、红糖，可改善**产妇气血**不足、虚弱乏力、子宫复原不良、**恶露**不尽、失眠心烦、多汗等情况。

黑芝麻粥

功效

防治产后便秘、乳汁缺少、贫血、腰腿乏力。

材料

黑芝麻30克，粳米150克。

调料

蜂蜜、白糖各适量。

做法

1 粳米淘洗干净；黑芝麻炒熟后压成粉。

2 粳米倒入锅中，加适量水，大火烧开，改中火煮至粥成时放入黑芝麻粉，搅匀即可。

3 吃时加蜂蜜和白糖调味即成。

调养手记

○ 黑芝麻味甘，性平，补肝肾，润脏腑，含丰富的脂肪及芝麻素（脂麻素）、固醇（甾醇）、维生素E、卵磷脂等，对产后便秘、乳汁缺乏、头发早白等有辅助治疗作用。

○ 产后食用此粥也有很好的滋阴养血、补钙壮骨作用。因失血多、贫血造成虚弱、腰腿乏力的产妇宜多吃此粥。

○ 腹泻者不宜多吃。

蘑菇炖鸡汤

功效

温补气血，促进泌乳，提高免疫力。

材料

嫩鸡200克，蘑菇100克，姜片10克。

调料

料酒、盐各适量。

做法

1 将嫩鸡洗净，剁块，焯水；蘑菇洗净。
2 砂锅中放入鸡块，加适量水烧开，去浮沫，放入蘑菇、姜片和料酒，改小火煮1小时，至肉烂汤浓，加盐调味即可。

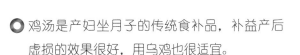

调养手记

○ 鸡汤是产妇坐月子的传统食补品，补益产后虚损的效果很好，用乌鸡也很适宜。

○ 鸡肉可健脾益气，温中养血。蘑菇能益胃气、强筋骨、增免疫。此汤适合产后虚羸、疲倦乏力、食欲不振、乳汁稀少者食用。

○ 鸡汤切忌太过油腻，以清汤为宜。

花生猪蹄汤

功效

促进乳汁分泌，提高母乳质量。

材料

猪蹄1只，花生仁30克，枸杞子10克，葱段、姜片各15克。

调料

料酒15克，盐适量。

做法

1 猪蹄剁块，洗净，焯水后放入砂锅，加适量水，大火烧开，放料酒、葱段、姜片，改小火煮1小时。

2 去葱段、姜片，放花生仁、枸杞子，续煮30分钟即成。

猪蹄

调养手记

● 猪蹄含有丰富的动物胶原蛋白，加上养血通乳的花生，能促进乳汁分泌，提高乳汁质量，有效改善产后缺乳的状况。

● 此汤还可帮助产妇恢复体力、滋润皮肤、强筋壮骨、补血润燥，对剖宫产失血较多、虚弱较重的产妇复原尤为有效。

● 猪蹄比较油腻，多吃不易消化，尤其晚餐不宜多吃。

莲藕排骨汤

功效

补气血，排恶露，通乳汁。

材料

排骨200克，莲藕100克，姜片、葱段各15克。

调料

料酒、盐、香葱末各适量。

做法

1 将排骨剁小块，洗净，焯水；莲藕去皮，洗净切块。

2 煮锅中加适量水，大火烧开，放入排骨、料酒、姜片、葱段，改小火煮1小时。

3 去葱段、姜片，倒入藕块，续煮20分钟，放盐调味，盛入碗中，撒上香葱末即可。

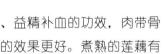

调养手记

- 排骨有滋阴强壮、益精补血的功效，肉带骨烹调，补血补钙的效果更好。煮熟的莲藕有滋补脾胃、益血生肌、祛瘀生新的作用。

- 此汤是一道传统的滋补汤品，非常适合产后气血虚弱、恶露不尽、乳汁不足、腰酸背痛的产妇食用。

- 汤要清淡一些，避免太过油腻，难以消化。

枸杞甲鱼煲

功效
滋阴补血，通乳下奶。

材料
处理干净的甲鱼150克，枸杞子20克，姜片、葱段各15克。

调料
料酒15克，盐适量。

做法
1 将处理好的甲鱼剁成大块，先入开水锅焯烫一下，捞出。

2 甲鱼块放入砂锅，加适量水，大火烧开，放葱段、姜片、料酒和枸杞子，改小火煮1小时左右。

3 去葱段、姜片，再加盐调味即成。

调养手记

○ 甲鱼富含动物胶原蛋白质，有滋阴补血的功效，搭配益精养血的枸杞子，有利于产妇身体恢复，可改善血虚津亏、阴虚多汗、神疲乏力等症状。

○ 此汤还有通乳下奶的功效，能促进乳汁分泌，提高母乳质量，适合气虚不足、泌乳不畅、乳汁量少者多吃。

○ 孕期不宜吃甲鱼，产后非常适宜。

鲫鱼豆腐汤

功效

益气补血，健脾利湿，通乳下奶。

材料

鲫鱼1条，豆腐200克，姜丝、葱丝、红椒丝各适量。

调料

料酒20克，盐、胡椒粉各适量。

做法

1 将鲫鱼去鳃、鳞和内脏，清洗干净，两面用刀划上斜刀口。

2 豆腐洗净，切成块，焯水。

3 锅中倒入油烧热，放入鲫鱼，两面煎成金黄色，烹入料酒，加入适量水煮沸，去浮沫，放入姜丝、葱丝和豆腐，改小火煮20分钟，至汤色变白，加盐、胡椒粉调味，盛入汤碗中，撒上红椒丝即成。

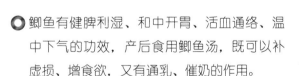

调养手记

- 鲫鱼有健脾利湿、和中开胃、活血通络、温中下气的功效，产后食用鲫鱼汤，既可以补虚损、增食欲，又有通乳、催奶的作用。

- 鲫鱼最适合与健脾、益气、养血的豆腐搭配食用，能生气血、退虚热，且高蛋白、低脂肪，是非常适合产妇的营养品，有助于改善虚羸乏力、脾虚食少、水肿、烦热等症状。

虾仁鸡蛋羹

功效

补血补钙，通乳增乳。

材料

鸡蛋2个，鲜大虾100克，番茄酱20克。

调料

白糖、盐、香油各适量。

做法

1 鲜大虾去头、剥壳，顺脊背片成两半，挑去虾线洗净，焯水定型。

2 鸡蛋打入蒸盘，加入温水和少许盐调匀，入蒸笼，小火蒸10分钟，取出，放上虾球。

3 炒锅上火，加入油烧热，下番茄酱略炒，调入白糖、盐和香油，淋于蛋羹上即成。

调养手记

⭕ 鸡蛋的蛋白质非常完整，营养充足，是滋阴养血的佳品，也是产后补益的最常用食材。

⭕ 虾是下乳汁的常用食材，产后乳汁不下者可多吃。

⭕ 此菜能补充足够的优质蛋白质、钙、铁等营养，有利于产妇补益气血、恢复体力。

陆

气血畅

疾病少

手脚不再凉，一身正气防病邪

虚寒体质的女性往往有手脚冰凉、畏寒怕冷、面色及唇色苍白、腰背及关节受寒易疼痛、容易患风寒感冒、稍食寒凉食物或饮品就容易出现腹胀、腹痛、腹泻等症状。在寒冷气候中，虚寒体质的这些表现更加明显。

这样的女性阳气常不足，在饮食中要注意温养脾胃，助生阳气，活血通脉，多吃些羊肉、牛肉、鸡肉、虾仁、葱、姜、蒜、辣椒、肉桂、大枣、核桃仁、葡萄干等食物，入口食物宜温热，少吃生冷寒凉之品，以养护阳气，扶正祛邪，提高抗病能力。也可适当饮用热咖啡或少量饮用红酒、米酒，以活血通络，祛寒止痛。

桂皮粥

功效

温通经脉，祛寒止痛。

材料

粳米100克，肉桂3克。

调料

盐、鸡精各适量。

做法

1 粳米淘洗干净，与肉桂一起放入砂锅，加适量水，大火烧开，去浮沫，改小火煮至粥稠。

2 去肉桂，加盐和鸡精调味即可。

肉桂也叫桂皮

调养手记

○ 肉桂可温里寒，止冷痛，活血通经，常用于改善肾阳不足引起的各类寒症。

○ 此粥适合肾阳不足所致的手脚冰凉、四肢不温、腰膝酸软冷痛、虚寒吐泻、女性宫寒、小腹冷痛、痛经、闭经、经量过少、经期推迟者食用。

○ 肉桂性大热，内有实热、阴虚火旺、内热烦渴、血热出血者及孕妇不宜食用。

虾仁韭菜粥

功效
助生阳气，增强体质。

材料
粳米100克，韭菜、虾仁各50克。

调料
盐适量。

做法

1 将韭菜洗净，切小段；虾仁洗净；粳米淘洗干净。

2 煮锅中加入适量水，上火烧开，倒入粳米，煮25分钟，至粥稠时放入虾仁、韭菜段，开锅后，放盐调味即可。

调养手记

○ 韭菜和虾仁都是温补佳品，可助生阳气，改善虚寒体质，提高免疫力。

○ 此粥适合肾阳虚衰、手脚冰凉、腰膝酸软冷痛、腹冷宫寒、带下的女性食用。男性食用可壮阳，夫妻同食可提高性欲，有一定的助孕作用。

○ 阴虚火旺、阳亢及有热性疾病者不宜多吃。

水爆羊肉片

功效
健脾暖胃，温中补虚。

材料
羊肉片250克，葱末、姜末各10克，香菜末、芝麻各少许。

调料
芝麻酱30克，腐乳10克，鱼露5克，白糖、盐、鸡精各适量。

做法
1 将芝麻酱倒入碗中，先加入少许凉开水搅匀，再加少许凉开水搅匀，如此重复，直至麻酱被稀释，最后放入葱末、姜末、香菜末、芝麻、腐乳、鱼露、白糖、盐和鸡精，调成蘸料汁备用。
2 将羊肉片下开水锅中氽烫至熟，捞出，装盘。
3 羊肉片用蘸料汁蘸食。

调养手记

● 羊肉可益气补虚，温中暖下，健脾补肾，助阳生血。

● 此菜适合体质虚寒、手脚冰凉、腹寒冷痛泻痢、虚劳羸瘦、腰膝酸软、食少反胃及产后虚羸少气、缺乳者食用，也是冬季补益佳品。

● 外感时邪或内有宿热者忌食羊肉。

腰果炒鸡丁

功效
健脾益肾，温养气血。

材料
鸡胸肉200克，腰果、黄瓜、红椒各50克，葱花少许。

调料
料酒、淀粉各10克，香油6克，盐、鸡精适量。

做法
1 将黄瓜、红椒分别切丁；腰果下油炸熟。

2 鸡胸肉切丁，用料酒、淀粉上浆，下温油中滑熟，盛出。

3 炒锅上火烧热，倒入油，下葱花煸香，放入熟鸡胸肉、熟腰果和黄瓜、红椒丁，快速翻炒，加盐、鸡精调味，勾芡，淋香油即可。

调养手记

- 鸡肉温补气血，腰果益肾、润燥，搭配蔬菜，热量充足，营养均衡。

- 此菜能温养气血，提高人体免疫力，适合虚寒冷痛、手脚冰凉、倦怠乏力、食欲不振、营养不良、精神萎靡、体弱多病者常食。

- 腰果热量较高，油脂含量大，肥胖多脂、糖尿病患者不宜过食。

姜丝牛柳

功效

健脾养胃，温中祛寒，强壮骨骼、肌肉。

材料

牛里脊200克，鲜姜、红椒各30克。

调料

酱油、淀粉各15克，盐、胡椒粉各适量，葱花少许。

做法

1 将红椒切片，鲜姜切成丝。

2 牛里脊洗净，切条，用酱油、淀粉上浆，下温油中滑熟。

3 锅中倒油烧热，下葱花爆香，倒入牛肉条、姜丝、红椒片，快速翻炒，加盐、胡椒粉炒匀即可。

调养手记

○ 牛肉有温中益气、补虚填精、健脾胃、活血脉、强筋骨的功效。生姜可温暖脾胃、散寒止呕。

○ 此菜适合四肢不温、脘腹冷痛、虚寒吐泻、体虚乏力、筋骨不健、寒湿痹痛、形体瘦弱、免疫力低下者多吃。

○ 阴虚内热、感冒发热者不宜。

运化促代谢，肠胃通畅不便秘

便秘是指大便次数减少（每隔数日或1周左右1次），排便量减少，便意少，便干坚硬，排便困难等症状。长期便秘会导致消化功能紊乱，毒素在体内堆积，从而引发各种疾病，是不利于健康的一大隐患。

引起便秘的原因很多，需要辨证施治。较多的便秘是因为热毒壅滞引起，称为"热秘"，清泻肠胃之热是化解之道。而有些便秘是虚寒造成的排泄动力不足，称为"虚秘"，这就要通过养血润燥来改善。

女性便秘的发生率一般高于男性，并常伴有腹痛或腹部不适、失眠多梦、烦躁抑郁、焦虑等问题，对容貌、体形、情绪都会产生一定的影响。青春期及更年期女性尤应注意保持大便通畅。

芦荟酸奶饮

功效

缓泻通便，退热除烦，美容养颜，排毒瘦身。

材料

芦荟50克，酸奶150毫升。

做法

1 将芦荟去皮，取肉，切条，放入榨汁机中，加适量水，搅打成汁，倒入杯中。

2 兑入酸奶，搅拌均匀饮用。

切取芦荟肉

调养手记

- 芦荟是缓泻药，有泻下通便、清肝火、除烦热的功效。酸奶可调节肠道益生菌，清肠排毒，美白肌肤。

- 此饮适合热结便秘、心肝火旺、食积腹胀、内热烦渴、风火热毒肿痛、皮肤多痤疮斑疹、肥胖多脂者饮用，是热性体质女性的天然美容保健品。

- 虚寒腹泻、便溏者不宜食用，孕妇禁用。

胡萝卜菠萝蜜饮

功效
促进肉食消化，降气宽肠。

材料
菠萝、胡萝卜各150克。

调料
蜂蜜适量。

做法

1 将胡萝卜去皮，洗净，切片，放入煮锅，加适量水，煮10分钟，晾凉。

2 菠萝去皮，洗净，切片，放入榨汁机中，倒入煮好的胡萝卜，搅打成糊状汁，调入适量蜂蜜即可。

调养手记

- 菠萝能促进蛋白质的分解，促进高蛋白食物的消化，顺气通便。胡萝卜有健脾消食、降气宽肠的功效。蜂蜜则有滑肠通便、润燥排毒的作用。

- 餐后常饮此饮，能促进肉食消化，避免积食、便秘等问题。适合饮食油腻、肉食过多、食积不化、脘腹胀满、排便不畅者食用。

菠萝也叫凤梨

桃花粥

功效

排毒清肠，养颜瘦身。

材料

干桃花5克，粳米100克。

调料

白糖适量。

做法

1 将粳米淘洗干净后倒入锅中，加适量水，大火烧开，改小火煮20分钟。

2 放入干桃花，再煮10分钟至粥成，调入白糖拌匀即可。

桃花

调养手记

○ 桃花有泻下通便、活血化瘀、利水消肿的功效，尤其擅长消除积滞胀满，通利大小肠，排毒养颜效果好。

○ 此粥适合大便秘结不通、腹胀腹痛、水肿胀满、气血瘀滞、面色黯沉、色斑及痤疮多生、闭经、肥胖者食用。

○ 体虚腹泻、便溏、经期血量多者不宜食用，孕妇禁用。桃花不宜久服，以免耗伤气血。

山楂苹果粥

功效
消食化积，清肠排毒。

材料
粳米100克，鲜山楂30克，苹果70克。

调料
白糖适量。

做法
1 苹果去皮、核，切小丁；鲜山楂去核，洗净，切片；粳米淘洗干净。

2 煮锅中倒入粳米，加适量水，大火烧开，去浮沫，改小火煮至粥稠，放入苹果丁、山楂片和白糖，略煮即可。

调养手记

● 山楂可健脾开胃、消食化积、止泻痢，对化解肉食积滞尤其有效。苹果可调节肠胃，促进消化，缓解便秘或腹泻。

● 此粥既可防治便秘，又能缓解腹泻，是双向调整肠胃功能的良方。适合饮食积滞不化、脘腹胀满、口臭、大便干结或泻痢不止者食用，也适合高血压、高血脂、肥胖人群。

● 胃酸过多者不宜多吃山楂、苹果。

凉拌五丝

功效

清热解毒，缓泻通便。

材料

海带丝、胡萝卜丝、牛蒡丝、豆芽菜、芹菜丝各100克。

调料

豉汁、米醋各15克，白糖、盐、鸡精、香油各适量。

做法

1 胡萝卜、牛蒡去皮，切成丝；芹菜洗净，切成丝；豆芽、海带丝洗净，都焯水制熟后放入盘中。

2 将所有调料放入碗中，调配成凉拌汁。

3 把凉拌汁浇入菜中，拌匀即可。

调养手记

○ 此菜有清热缓泻、清肠排毒的功效，实热便秘、食积腹胀、口干口臭，伴有上火肿痛、体热心烦、痈疖疮毒者最宜。

○ 饮食肥甘油腻、肥胖、水肿以及高血压、高血脂、糖尿病患者均宜常食。

○ 虚寒腹泻、便溏者及孕妇不宜。

骨质不疏松，
腿脚灵活筋骨健

女性的骨密度本来就低于男性，在更年期之后，由于肾气逐渐虚衰，雌激素骤然减少，骨质的流失也加速了。因此，中老年女性骨质疏松的发生比较普遍，如腿脚无力、筋骨酸痛、腰膝关节疼痛、活动受限、腰弯背驼、身高降低、容易骨折等，都是骨质疏松的表现。

要防治骨质疏松，除了多晒太阳、加强锻炼外，适当的饮食调理也必不可少。一方面要注意补钙，多吃虾、芝麻、牛肉、骨汤、猪蹄、牛奶及乳制品、大豆及豆制品、海鱼、贝类等高钙食物；另一方面要多吃补益脾肾的食物，如栗子、核桃仁、山药、松子等，对强壮筋骨都有一定的好处。

香酥河虾饼

功效

补充钙、磷、铁，强壮骨骼。

材料

小河虾200克，面粉50克，鸡蛋1个，葱花少许。

调料

料酒、盐各适量。

做法

1 小河虾冲洗干净，放入调配碗中，加入料酒、盐腌浸15分钟，放入面粉和鸡蛋，搅拌成稠糊状。

2 平锅中倒入适量油烧至五成热，放入河虾面糊，摊平，煎至定型，翻面再煎，至两面焦脆，盛出，沥油后即可装盘。

调养手记

○ 小河虾的虾壳柔软，炸制后完全可以整虾不去壳食用，这样就大大增强了虾壳和虾头中钙、磷、铁等矿物质的摄入和吸收，起到强壮骨骼的作用。

○ 虾为发物，皮肤容易过敏者不要一次吃太多。

木瓜奶豆腐

功效

补钙，通乳，缓解筋骨痛。

材料

牛奶200毫升，木瓜100克。

调料

白糖、琼脂各适量。

做法

1 琼脂用水泡软；木瓜去皮、瓤，切成丁。

2 把牛奶倒入煮锅，加入白糖，小火加热，煮沸后倒入碗中，放入泡软的琼脂，连续搅拌至充分融化。

3 取成形模具，倒入牛奶，放入冰箱冷藏室，凝结成奶豆腐。

4 脱去模具，把奶豆腐切丁后放入碗中，放入木瓜丁和适量水，拌均匀即可。

调养手记

◎ 牛奶的钙含量高，且富含有利于钙吸收的维生素D，是补钙的最佳食物。

◎ 木瓜可健脾胃，促进消化，也有一定的通乳、缓解筋挛疼痛的作用。

◎ 此羹适宜缺钙瘦弱、消化不良、风湿筋骨痛、跌打扭挫伤者食用。乳房发育不良的少女、缺奶的产妇、骨软的中老年女性均宜。

◎ 孕妇及过敏体质者不宜多吃木瓜。

麻酱拌鸡丝

功效

温补气血，增加钙质。

材料

鸡胸肉200克，黄瓜、胡萝卜各100克，姜片10克，熟芝麻少许。

调料

芝麻酱30克，料酒15克，白糖、盐、鸡精各适量。

做法

1 将黄瓜、胡萝卜分别洗净，切成丝。

2 鸡胸肉洗净，放入煮锅，加适量水煮沸，去浮沫，放入料酒、姜片，小火煮30分钟，捞出，晾凉后用手撕成鸡丝。

3 芝麻酱倒入料碗，加入白糖、盐和鸡精，一边缓慢加水，一边搅拌均匀，调成稀麻酱汁。

4 把鸡丝、黄瓜丝、胡萝卜丝放入碗中，倒入麻酱汁，搅拌均匀，撒上芝麻即成。

调养手记

◎ 芝麻酱富含钙、铁、卵磷脂、蛋白质等营养成分，是补钙养血的好材料。

◎ 芝麻酱搭配温养气血的鸡肉，可滋养五脏，补益气血，生髓健骨。尤其适合骨质疏松症、缺铁性贫血、早衰、肠燥便秘者食用。

◎ 芝麻及芝麻酱均含油脂、热量较高，肥胖及血脂、血糖偏高者要控制食量。

豆干棒骨汤

功效

益气补虚，强筋壮骨。

材料

牛棒骨200克，豆腐干50克，胡萝卜、姜片各15克，蒜苗末少许。

调料

料酒、酱油各15毫升，盐适量。

做法

1 将豆腐干切块，胡萝卜切片。

2 牛棒骨剁开，入开水锅汆烫一下，捞出沥干。

3 煮锅中加适量水，大火烧开，放入牛棒骨、姜片和料酒，改小火煮1小时。

4 放入豆腐块、酱油，继续煮15分钟，加盐调味，再放入胡萝卜片和蒜苗末略煮即可。

调养手记

○ 牛棒骨能补肾养血，补充骨胶原及钙质，有壮腰膝、益力气、补虚弱、强筋骨的功效。豆制品也是健脾益气、补钙养血的好材料。

○ 此汤适合骨质疏松、形体瘦弱、筋骨痿软者食用，青少年缺钙者食用可促进生长发育，中老年人食用可缓解骨骼脆化、延缓衰老。

○ 此汤较油腻，脾胃消化功能欠佳及血脂偏高者不宜多食。

蹄筋丸子汤

功效

补气养血，强筋壮骨。

材料

牛肉丸子、牛蹄筋各100克，木耳、胡萝卜各30克，香菜段少许。

调料

料酒、姜片各10克，盐、胡椒粉各适量。

做法

1 将牛蹄筋洗净，切段；胡萝卜切片；木耳洗干净。

2 锅中放入牛蹄筋、姜片和适量水，大火烧开，改小火煮1小时。

3 放入牛肉丸子、木耳、胡萝卜，续煮15分钟，倒入料酒，放盐、胡椒粉，盛入碗中，撒上香菜段即成。

调养手记

○ 牛蹄筋能强筋壮骨，提高骨密度，改善骨质疏松。牛肉能起到补气养血、强健肌肉、补钙壮骨的作用。

○ 此汤适合筋骨不健、身体瘦弱、腰膝酸软、骨质疏松、骨伤恢复者。青少年食用可促进身体发育，老年人食用可预防驼背、腿疼和骨折。

○ 肥胖及血脂、血糖偏高者要控制食量。

远离妇科病，子宫先要暖暖的

宫寒是女性经带异常、痛经、性欲低下、不孕、习惯性流产及多种妇科急慢性炎症（如阴道炎、宫颈炎、子宫内膜炎、附件炎等）、妇科肿瘤的重要原因，对女性生殖系统的健康有很大影响。

宫寒是指女性子宫温煦不足，多为脾肾阳虚所生的内寒停滞在胞宫，或是受外来寒邪侵袭，血气遇寒则会凝结，导致子宫寒冷，妇科疾病多发。

要想让子宫暖暖的，除了日常要注意防寒保暖外，还要避免吃生冷寒凉的食物，尤其是体质虚寒或寒湿重的女性，应多吃些温经暖宫、补益气血的食物，如羊肉、牛肉、肉桂、龙眼肉、小茴香、生姜、大枣、核桃、栗子、花生、洋葱、红糖等。

龙眼洋参茶

功效
益气养血，暖宫安神。

材料
干龙眼肉30克，西洋参片3克。

调料
白糖适量。

做法
1 将干龙眼肉、西洋参片放入杯中，冲入沸水，加盖泡15分钟。

2 倒出茶汤，调入白糖饮用。

3 可多次冲泡，代茶频饮，最后将龙眼肉、西洋参吃掉。

干龙眼肉也叫桂圆、桂圆干

调养手记

○ 龙眼肉性温，能益心脾、补气血、安神益智，对养护子宫也十分有益，是虚寒宫寒及产后促进子宫修复的常用品。

○ 西洋参能凉补气血、养阴生津，适合神疲乏力、心烦失眠者。

○ 此茶适合神疲体倦、四肢乏力、心烦失眠、食欲不振者。

莲桂大枣粥

功效

健脾胃，暖子宫，止虚寒带下及腹泻。

材料

去心莲子、大枣各20克，粳米100克。

调料

肉桂粉2克。

做法

1 粳米淘洗干净，大枣对半切开，去核。

2 先将莲子放入锅中，加适量水，煮30分钟，再放入大枣和粳米，煮至粥成。

3 最后调入肉桂粉搅匀即可。

调养手记

- 大枣性温，可健脾养血，补中益气。莲子性平，可补脾止泻，固肾止带。肉桂性热，可温里祛寒，通经止痛。

- 此粥适合虚寒怕冷、寒性腹痛腹泻、宫寒所致的月经量少、经期推迟、痛经、闭经、带下清稀、腰膝酸软者。

- 阴虚火旺、内热上火、便秘、食积腹胀、有出血倾向、经血量过多者及孕妇均不宜。

羊肉烧豆腐

功效

温中暖下，祛寒补虚。

材料

羊肉、豆腐各500克，葱段、姜片、蒜瓣各15克，干辣椒1个。

调料

酱油20克，料酒、白糖各15克，大料、盐各适量。

做法

1 将豆腐切成三角块，入油锅炸至金黄色捞出，沥油备用。

2 羊肉洗净，切成块；干辣椒切成丝。

3 炒锅中倒入油烧热，下葱段、姜片、蒜瓣、干辣椒丝、大料炒出香味，放入羊肉炒变色，烹入料酒，炒2分钟，加入适量水烧开，放入炸豆腐块，加入酱油、白糖，改小火焖烧30分钟，加盐调味，大火收汁即成。

调养手记

◎ 羊肉味甘，性温，益气补虚，温中暖肾。豆腐益气和中，生津润燥。二者均富含营养，常食可养血强身。

◎ 此菜适合虚寒怕冷、腹寒冷痛、血虚宫寒、虚寒带下、腰酸、胃口不好、久病体虚者食用。

◎ 羊肉性偏温热，凡外感时邪或内有宿热者慎食，孕妇不宜多吃。

姜丝熘鸡片

功效
健脾胃，益中气，温中散寒。

材料
鸡胸肉200克，鲜姜30克，葱花少许。

调料
料酒、水淀粉各15克，香油、盐、鸡精各适量。

做法
1 将鸡胸肉切成片，用料酒、盐、淀粉上浆，备用；鲜姜切成丝。

2 炒锅上火，倒入油烧热，下葱花、姜丝炒出香味，放入鸡肉片，炒至变成白色，加盐、鸡精调味，勾芡，淋香油即可出锅。

调养手记

○ 鸡胸肉有温中益气、补虚填精、健脾胃、活血脉、强筋骨的功效。生姜可解表散寒、温中止呕。

○ 此菜尤其适合营养不良、畏寒怕冷、子宫虚寒、月经不调、痛经、食少、胃寒呕吐等虚寒体弱者补益。

○ 鸡肉、生姜均偏温性，阴虚内热者不宜多吃。

白果止带汤

功效

治白带异常、小便淋浊等症。

材料

白果仁10克，猪肚150克，姜片、葱段各适量。

材料

料酒15克，盐、鸡精各适量。

做法

1 将猪肚洗净，切块，放入锅中加适量水烧开，去浮沫，放葱段、姜片、料酒，再改小火煮40分钟。

2 去葱段、姜片，放入白果仁，再煮15分钟，加盐、鸡精调味即成。

调养手记

○ 白果也叫银杏果，味甘、苦、涩，性平，有小毒。有敛肺、定喘、止带的功效。白果忌生食，熟食一日不超过10克。

○ 猪肚可补虚损、健脾胃，常用于虚劳羸弱、泄泻等症。猪肚胆固醇含量较高，血脂偏高者不宜多吃。

○ 此汤对白带异常、小便淋浊、小便频数、肺结核等有辅助食疗作用。

乳房要呵护，乳腺疾病需早防

乳腺疾病是女性的常见病。如乳腺增生在25～45岁的女性中高发，虽然没有太多危险，但不同程度的疼痛肿胀，对身心都会带来一定的不良影响。乳腺癌则是中老年女性的多发病，且有日益年轻化的趋势。所以，女性要特别关爱乳房，及时防治乳腺增生，可减少乳房囊肿、结节及乳腺癌的发病率。

乳腺疾病的发生多与情志不畅、肝血瘀滞、内分泌失调等因素有关。在调养时，除了调节情绪外，还可多吃些疏肝理气、软坚散结、清热解毒、活血化瘀、消痈止痛的食物，如海带、紫菜、白萝卜、油菜、柑橘、陈皮、山楂、蒲公英、玫瑰花、鳝鱼、大白菜、豆腐、黑豆、核桃、黑芝麻、木耳等。

油菜汁

功效

排毒，消肿，散结，止胀痛。

材料

油菜100克。

调料

白糖适量。

做法

1 油菜洗干净，焯熟后切段。

2 把油菜放入榨汁机，加适量水，搅打成汁。

3 打好的油菜汁倒入杯中，调入适量白糖即可饮用。

油菜

调养手记

◎ 油菜可活血化瘀、解毒消肿、宽肠通便，对乳痈、疖肿、便秘等都有疗效。

◎ 此饮可消积滞、化瘀肿、散结节，对乳房结节、产后急性乳腺炎等有一定的防治效果，并能预防乳腺癌的发生。

◎ 有其他部位的疮疖肿痛及便秘者也宜饮用。

◎ 脾胃虚寒腹泻者不宜多饮。

丝瓜豆浆

功效

通经活络，调节内分泌，促进乳腺畅通。

材料

丝瓜100克，黄豆30克。

调料

白糖适量。

做法

1 黄豆浸泡一夜，加水煮熟后，打成糊。

2 丝瓜去皮，洗净，切片，放入煮锅中，加水煮5分钟，捞出，晾凉。

3 把丝瓜片和黄豆糊放入榨汁机，加适量水，打成混合汁，倒入杯中，调入白糖即可。

调养手记

- 黄豆富含的植物雌激素 —— 异黄酮，具有双向调节人体雌激素的功效，从而起到调节内分泌平衡的作用。

- 丝瓜清热凉血、解毒化痰，适合乳痈、乳汁不通、疔疮痈肿、热病烦渴、崩漏带下者。

- 少女常饮还可促进乳腺发育。

凉拌海带丝

功效
清热解毒，散结消肿，净肠道，抗肿瘤。

材料
鲜海带100克，熟芝麻10克。

调料
生抽10克，米醋10克，香油5克，盐、胡椒粉各适量。

做法
1 将鲜海带用清水浸泡1小时，洗净，切丝。

2 煮锅中倒入水烧开，放入海带丝，煮5分钟，捞出。

3 投入凉开水中冷却，捞出沥水后装入盘中，放入各种调料拌匀，撒上熟芝麻即可。

调养手记

◎ 海带也叫昆布，是软坚散结、利水消肿、清热解毒的良药，适合乳腺结节、乳痈肿痛者常食，对其他部位的疮疖瘀肿、硬结、肿瘤等均有消解作用，对预防乳腺癌及大肠癌尤其有效。

◎ 此菜也适合热结便秘、水肿、甲状腺肿、肥胖、高血压、高血脂、动脉硬化、糖尿病患者食用。

◎ 脾胃虚寒、便溏、腹泻者不宜。

公英萝卜汤

功效
清热解毒，消乳痈，止肿痛。

材料
干蒲公英10克，白萝卜100克。

调料
盐、鸡精各适量。

做法
1 白萝卜去皮，洗净，切片。
2 砂锅中放入蒲公英，加适量水，大火煮沸，改小火煮20分钟，滤渣留汤，倒入白萝卜片，续煮10分钟，加盐、鸡精调味即可。

调养手记

- 蒲公英可清热解毒、消肿散结，对乳痈有特效。白萝卜有通气理气的作用。
- 此汤可解热毒、散瘀肿、消乳痈，对乳腺肿块结节、乳腺胀痛、产后乳汁淤积、乳腺脓肿疼痛以及胸胁气滞胀闷等有一定的缓解作用，还有顺气解郁、清热除烦、预防乳腺癌的效果。
- 气虚体弱、脾胃虚寒、腹泻者不宜。

干蒲公英

气血畅

心情好

柒

肝气畅达不抑郁

解忧少烦恼，

女性在青春期、产后及更年期容易出现气血失调、内分泌紊乱，再加上女性往往重情感、心思细密，一旦情志不遂，很容易出现情绪低落、抑郁的情况。主要表现为情绪不稳定、易哭易怒、悲观自责、精神萎靡、失眠多梦、心烦多虑、食欲不振、胸胁胀闷、月经不调、痛经、消化道溃疡等。

如果已经出现了以上情况，一方面要注意调节情绪，通过各种方法排解心理问题；另一方面，还可以通过饮食来疏解肝郁，活血化瘀，畅通经络，养心安神。体内的滞气和瘀血得以消散，身体气血畅达了，情绪也会有所好转。

郁金解郁茶

功效

活血化瘀，清心解郁。

材料

郁金（醋制）10克，炙甘草5克，绿茶3克。

调料

蜂蜜适量。

做法

1 先将郁金、炙甘草共研成粉，再和绿茶一起装入茶袋中。

2 把茶袋放入茶壶，冲入沸水，泡15分钟后倒入杯中，加入蜂蜜即可饮用。

郁金

调养手记

○ 郁金有活血止痛、行气解郁、清心凉血、活络止痛的功效，常用于气滞血瘀所致的胸胁刺痛、胸痹心痛、脘腹胀痛以及痛经、乳房作胀。

○ 甘草可清热解毒、缓急止痛，绿茶可清心除烦、生津退热。

○ 此茶适合情志抑郁不舒、心神不安、烦闷食少、胸腹胁肋诸痛者饮用。

○ 阴虚失血、无气滞血瘀者及孕妇不宜。

白梅花茶

功效
疏肝理气，清咽利喉。

材料
绿萼梅3克。

调料
冰糖适量。

做法
1 将绿萼梅和冰糖一起放入杯中，冲入沸水，加盖泡15分钟即可饮用。
2 可多次冲泡，代茶频饮。

调养手记

○ 绿萼梅有疏肝解郁、和中、化痰的功效，是治疗肝胃气滞的良药。

○ 此饮适合情志不舒、肝气郁结、胸胁胀闷、烦躁郁闷、神经衰弱、食欲不振、胃痛、咽喉不爽者常饮。

○ 此饮理气作用强，气虚及无气滞者不宜。

绿萼梅也叫白梅花

合欢百合粥

功效

解郁，安神，助眠，常用于抑郁、失眠。

材料

合欢花、干百合各10克，粳米100克。

调料

白糖适量。

做法

1 先将合欢花加适量水煎煮20分钟，滤渣留汤。

2 再倒入淘洗干净的粳米和干百合，煮至粥成。

3 吃时调入白糖拌匀即可。

合欢花

调养手记

◎ 合欢花疏肝理气、解郁安神，百合养阴润肺、宁心安神，可改善失眠心悸、心神不定等情志失调。

◎ 此粥最宜神经衰弱者食用，适合肝郁胸闷、忧思不乐、失眠多梦、心烦不安、健忘、头痛者食用，也适合更年期女性调养。

◎ 百合较寒凉，风寒痰嗽、中寒泄泻者不宜多食。

双花解郁粥

功效
舒肝解郁，活血理气。

材料
玫瑰花、茉莉花、山楂各6克，粳米100克。

调料
红糖适量。

做法
1 将粳米淘洗干净后倒入锅中，加入山楂和适量水，大火烧开，改小火煮20分钟。
2 放入玫瑰花、茉莉花续煮15分钟。
3 将粥盛入碗中，调入红糖拌匀即可。

调养手记

- 玫瑰花疏肝解郁、活血调经。茉莉花理气开郁、和中辟秽。山楂、红糖能起到活血化瘀、消积止痛的作用。
- 此粥适合肝郁气滞血瘀所致情绪烦闷、心胸不畅、胸胁胀痛、肝胃腹胀、不思饮食、月经不调、痛经者食用，对改善女性不良情绪引起的身体不适有一定作用。
- 此粥有活血作用，孕妇不宜。

金针鸡蛋汤

功效
补血，除烦，安神助眠。

材料
水发金针菜100克，水发木耳50克，鸡蛋2个，葱花少许。

调料
酱油15克，香油、盐、鸡精、淀粉各适量。

做法
1 水发金针菜去老根，切段；木耳洗干净；鸡蛋打入碗中，加少许香油，打散成鸡蛋液。

2 炒锅倒入适量油烧热，下葱花炝锅，倒入酱油和适量水，放入金针菜和木耳，小火煮5分钟，加盐、鸡精调味，用淀粉勾薄芡，倒入鸡蛋液，滑散，再煮沸即成。

调养手记

○ 金针菜又叫黄花菜、萱草花，可镇定安神、宽胸解郁、凉血解毒，有一定宣发作用。

○ 金针菜搭配滋阴养血的鸡蛋，适合神经衰弱、胸闷心烦、夜少安寐、情绪抑郁不舒、食欲不振者食用，是改善不良情绪的良方。

○ 有小便赤涩、黄疸、痔疮便血、疮痈者也宜食用。

缓解烦躁脾气好

安度更年期，

女性一般在45~55岁之间进入更年期，大多数女性都会出现不同程度的月经紊乱、潮热、盗汗、失眠心悸、烦躁易怒、健忘等症状，又被称为"更年期综合征"。有人在绝经过渡期症状已开始出现，持续到绝经后2～3年，少数人可持续到绝经后5～10年，症状才有所减轻或消失。

要想缓解更年期的症状，用激素治疗不一定是最佳方法，也许还会引发其他疾病。最安全有效的方法还是通过日常饮食来调养。

更年期女性宜多吃益气补血、滋养肝肾、解郁安神的食物，以调养心、肝、肾为主。可多吃黄豆、豆制品、牛奶、乳制品、大枣、莲子、栗子、鸡肉、龙眼肉、陈皮、花生、山药、核桃仁、枸杞子、苹果、香蕉、芹菜、百合、金针菜、白萝卜、胡萝卜、柑橘、海带、山楂等食物。

甘麦大枣粥

功效

健脾，养心，安神。

材料

浮小麦20克，粳米60克，大枣、甘草各10克。

调料

白糖适量。

做法

1 将甘草放入料包中，大枣掰开，去核，一同入锅，加适量水，煮30分钟。

2 取出料包，放入浮小麦和粳米，续煮至粥成，加白糖调味即可。

浮小麦是小麦干瘪轻浮的颖果，即淘洗小麦时浮在水面上的那部分

调养手记

- 此方见于东汉张仲景的《金匮要略》，原是汤剂。

- 浮小麦是养心除烦的良药，常用于心神不宁、烦躁失眠、妇人脏躁及烦热消渴等，也有健脾补虚、止虚汗的作用，尤宜更年期女性调养。

- 此粥善治妇人脏躁，是调养情志病的名方。适合心脾亏虚所致的精神不振、神志恍惚、悲伤欲哭、心中烦乱、睡眠不安、潮热多汗者。

- 湿盛中满、有积滞者不宜多吃。

龙眼山药粥

功效

健脾胃，养心神，固肾气。

材料

龙眼肉20克，鲜山药100克，粳米100克。

做法

1 将鲜山药洗净，去皮，切成小块；粳米淘洗干净。

2 山药块、龙眼肉与粳米一起放入锅中，加适量水，同煮成粥。

调养手记

- 龙眼肉可补心脾、益气血，是安神良药。搭配健脾益肾的山药，可起到健脾益气、养心安神、交通心肾的作用。

- 此粥适合气血两亏、心失所养、心肾不交等引起的妇人脏躁、神志恍惚、心烦失眠、多梦、体虚乏力、早衰健忘、虚汗不止、泄泻者食用，尤宜更年期女性调养。

- 湿盛中满、痰热上火、积滞便秘者及孕妇不宜食用。

龙眼肉

芹菜枣仁汤

功效

养肝，镇静，宁心，安神。

材料

芹菜100克，炒酸枣仁15克。

调料

盐、香油各适量。

做法

1 将炒酸枣仁捣碎，加水煎煮20分钟，去渣留汤。

2 再放入洗净、切段的芹菜，煮2分钟，加调料调味即可。

炒酸枣仁需捣碎再用

调养手记

○ 酸枣仁是养心安神的常用药，搭配降压除烦、清热凉血的芹菜，可安心神，助睡眠，适合神经衰弱、心神不宁、虚烦失眠、惊悸多梦、虚汗烦渴、血压偏高者。

○ 晚间食用可起到助眠作用，有利于改善睡眠质量。

○ 血压偏低、有滑泻症者不宜多食。

百合花肉丝汤

功效
安养心神，补益气血。

材料
百合花5克，炒酸枣仁15克，猪里脊100克。

调料
淀粉10克，鸡精、香油、盐各适量。

做法
1 将猪里脊洗净，切丝后上淀粉浆。

2 炒酸枣仁捣碎，入砂锅，加适量水煮20分钟，滤渣留汤。

3 将百合花放入酸枣仁汤中，补足水分，煮5分钟，下肉丝滑散，再沸时加盐、鸡精、香油即成。

调养手记

◉ 猪肉可滋阴养血，百合花解郁安神，与酸枣仁搭配食用，可起到调养气血、安定心神、改善睡眠的作用。

◉ 此汤适合情志抑郁不畅、忧愁不眠、伤及气血、血虚津亏者食用。

◉ 有滑泄症者慎服。

玫瑰鸡心汤

功效
养心安神，疏肝理气。

材料
玫瑰花5克，鸡心100克，葱段、姜片各20克。

调料
酱油、料酒各10克，白糖、盐、胡椒粉各适量。

做法
1 将鸡心焯水，清洗干净备用。
2 鸡心放入锅中，加入适量水烧开，去浮沫，放入葱段、姜片、酱油、料酒、白糖，小火煮30分钟。
3 去葱段、姜片，放入玫瑰花，加盐、胡椒粉，续煮10分钟即成。

调养手记

○ 鸡心有补心安神、养血补虚、镇静降压、理气舒肝的功效。

○ 鸡心搭配行气解郁的玫瑰花，适合情绪烦闷、心神不宁、肝郁气滞、睡卧不安、心悸怔忡、血虚萎黄、精神萎靡者调养。

○ 鸡心胆固醇含量偏高，高胆固醇、高血脂者不宜多吃。

○ 孕妇不宜用玫瑰花。

神安心自定，夜晚才能睡得香

失眠指经常性睡眠不足，或不易入睡，或睡而多梦易醒，醒后不能再入睡，甚至彻夜难眠，包括神经衰弱等疾病。失眠多由于长期过度疲劳、精神紧张或情绪波动、心血失养所致，和情志不调有很大关系。中青年人失眠多是由于精神压力、情志不和造成的，老年人失眠则常与心、脾、肾的亏虚有关。

失眠者应多吃红枣、龙眼肉、芹菜、百合、莲子、牡蛎、牛奶、香蕉、苹果等养心安神、疏肝解郁的食物。失眠严重者可适当添加酸枣仁、浮小麦、茯神、合欢皮等药材。

容易失眠者晚餐不宜食用过于辛热温燥、大寒大凉、滋腻难消化、易胀气的食物，也不宜晚餐饮食过饱。晚餐后不宜饮用浓茶、咖啡等使人兴奋的饮品。

安神二枣粥

功效

养肝肾，健脾胃，安心神，用于心烦失眠。

材料

炒酸枣仁、大枣、核桃仁各20克，粳米100克。

调料

白糖适量。

做法

1 先将炒酸枣仁捣碎，加水煮20分钟，去渣留汤。

2 再放入淘洗好的粳米、劈破的大枣、切碎的核桃仁，补足水分，共煮成粥即可。

调养手记

○ 此粥既能健脾胃、补虚损，又能养心神，助睡眠，适合心肾亏虚、阴血虚所致的心悸、失眠、心烦、健忘者，常伴有倦怠乏力、日渐消瘦、面色苍白或萎黄者尤宜。

○ 有实邪郁火、湿盛中满、便溏、腹泻者不宜多吃。

茯神粥

功效

除烦安神，善治心胸气结、心神不宁、惊悸失眠。

材料

茯神15克，粳米100克。

调料

白糖适量。

做法

1 茯神研为粉，粳米淘洗干净。

2 锅中放入粳米，加适量水，小火煮30分钟，放入茯神粉，续煮5分钟即成。

3 吃时加白糖调味。

调养手记

- 茯神是常用的安神药，可开心益智，止惊悸，安魂魄，养精神。

- 此粥适合心神不宁、精神恍惚、神不守舍、烦躁抑郁、心虚惊悸、失眠健忘者食用，也宜情志不和，尤其是精神遭受创伤者调养。

- 肾虚小便不利或不禁、虚寒滑精者不宜。

茯神是茯苓菌核中间有松根的白色部分，其宁心安神的作用优于茯苓

小麦百合粥

功效

养阴清热，安养心神，用于阴虚燥热、心烦失眠。

材料

鲜百合20克，小麦100克。

调料

白糖适量。

做法

锅中放小麦和适量水，煮至粥黏稠时放入百合和白糖，略煮即可。

百合

调养手记

◎ 小麦养心除烦，百合清心安神，合用可增强养阴清热、安养心神的作用，对调理情志病、改善失眠有疗效。

◎ 此粥适合精神恍惚、悲伤欲哭、失眠多梦、虚烦惊悸、烦热多汗及肺热咳血者食用。

◎ 百合性较寒凉，风寒咳嗽及虚寒便溏者不宜多吃。

柏子仁猪心汤

功效

补阴血，安心神，用于失眠心悸。

材料

炒柏子仁12克，猪心150克，香菜段适量。

调料

酱油5克，料酒15克，鲜汤、鸡精、香油各适量。

做法

1 将猪心切成片，焯水后洗净。

2 把猪心和炒柏子仁放入蒸碗中，加入酱油、料酒、鸡精和鲜汤，上蒸锅大火蒸30分钟。

3 取出蒸碗，淋香油，撒上香菜段即成。

调养手记

◎ 猪心可补益心虚血亏，柏子仁可养心安神。搭配食用，有补阴血、安心神的作用。

◎ 此汤适合心阴不足、心血亏虚或心脾两虚、心肾不交所致的心失所养、心悸、失眠多梦、夜卧不宁、疲乏无力、阴虚盗汗、腹胀、肠燥便秘者。

◎ 痰多、大便溏泻及血脂偏高者不宜多食。

莲子莲心猪心汤

功效

清心火，安心神，滋肾阴，固肾精，用于心肾亏虚的失眠者。

材料

猪心50克，莲子20克，莲子心3克，芡实10克，麦冬、枸杞子各5克，蜜枣2个。

调料

盐、鸡精各适量。

做法

1 将猪心切片，焯水后洗净。

2 把莲子、芡实、麦冬、蜜枣一起放入锅中，加适量水，小火煮1小时。

3 放入莲子心和枸杞子，续煮15分钟，加入调料即成。

调养手记

○ 此汤适合长期情志不和所致的心肾亏虚及心肾不交者，尤宜心烦失眠、多梦、心悸怔忡、神经衰弱者常食，也适合精神萎靡、腰酸乏力、形体消瘦、带下清稀者。

○ 更年期综合征、甲状腺功能亢进、高血压、神经官能症、脑动脉硬化等属于心肾不交者均宜食用。

○ 如有以上病症，但属于肾阳虚寒者不宜。

轻松不上火，
紧张头痛远离我

头痛的原因很多，如风寒、风热、风湿、肝阳上亢、血虚、瘀血等，都会引起不同程度的头痛或偏头痛。除了血管病变、感染等因素外，从情志方面看，精神高度紧张、思虑过度也是引起头痛的常见原因。

要想让头脑清明，缓解各类头痛，一要注意调节寒热，避免风、寒、暑、湿等邪气侵袭头部；二要降肝火，避免肝火上炎导致头痛目赤；三要活血脉，预防血瘀不畅引起的头痛；四要放松心情，控制焦虑、紧张、愤怒、忧思等不良情志，避免精神刺激。

在给身心放假的时候，吃些缓解头痛的药膳，可以显著加强疗效。当然，在选择食疗时要辨析不同的病因、症状和体质情况。

川芎白芷茶

功效

祛风散热，理气止痛，用于风热、血瘀引起的头痛。

材料

川芎5克，白芷3克，茶叶6克。

做法

将川芎、白芷和茶叶一起研为细末，盛入茶包中，放入杯中，冲入沸水，加盖泡15分钟后即可饮用。

川芎

调养手记

- 川芎活血行气、祛风止痛，可上行头目，中开郁结，下调经水。常用于气滞血瘀所致头痛、风湿痹痛、胸腹诸痛、月经不调等。"白芷为川芎之使"，两药合用可增强活血止痛的效果。

- 此茶适合诸风上攻、头目昏重、偏正头痛、鼻塞身重者。也宜气滞血瘀所致的月经不调、经闭、痛经者饮用。

- 阴虚火旺、多汗、热盛及无瘀之出血证者不宜。孕妇禁用。

薄荷茶

功效

疏风散热，清利头目，行气解郁，用于风火郁热、头痛眩晕。

材料

鲜薄荷叶5克。

做法

将鲜薄荷放入茶碗中，冲入沸水，泡15分钟后饮用，可多次冲泡，代茶频饮。

调养手记

- 薄荷有疏散风热、清利头目、疏肝行气的功效，常用于风热感冒、肝郁气滞、头痛眩晕、胸闷胁痛等风火郁热之疾。
- 头痛者常饮此茶，可开郁疏风，宣散郁闷烦热，缓解紧张性头痛及风热感冒头痛，令人头脑清爽、心胸畅达、精神愉悦。
- 风热上火、目赤及咽喉肿痛者也宜饮用。
- 表虚多汗、阴虚血燥者不宜。

鲜薄荷

神仙粥

功效

散风止痛，用于风寒头痛。

材料

糯米100克，连须葱40克，生姜12克。

调料

白糖15克，醋15毫升。

做法

1 糯米淘洗干净；生姜洗净，切成片；连须葱白洗净。

2 糯米倒入煮锅，加适量水，大火烧开，放入生姜片，改小火煮20分钟。

3 再放入连须葱白，续煮15分钟，至粥将成时加入白糖、醋，稍煮即可。

调养手记

◎ 葱可发汗解表、通阳。姜可解表散寒，温中止呕。

◎ 此粥适合风寒感冒所致头痛、鼻塞，也适合阳气不足、体质阴寒、心情郁闷不畅、虚寒呕吐、咳逆偏寒者作为日常调养品。

◎ 葱、姜性均温热，阴虚内热、燥热烦渴、热性头痛、表虚多汗者不宜多吃。

天麻鱼头粥

功效

平肝宁神，活血止痛，适合肝阳上亢、高血压引起的头痛。

材料

鲤鱼头1个，天麻15克，大米70克。

调料

料酒15克，盐、胡椒粉各适量。

做法

1 将大米淘洗净；鱼头去鳃，洗净，剁成两半。

2 砂锅中放入天麻和适量水，小火煎煮30分钟，再放入大米、鱼头和调料，续煮30分钟，至粥稠即可。

调养手记

- 天麻可平抑肝阳，有镇静止痛的作用，鲤鱼头有利水消肿、清利头目的功效。
- 此粥适合肝阳上亢所致的头痛、偏头痛、眩晕、失眠、健忘者，风热头痛、精神紧张性头痛、烦躁、情绪不稳定、用脑过度者均宜。
- 高血压、冠心病患者食用可有效扩张血管，缓解不适。
- 气血极虚弱者慎服。

百合木耳
炒芹菜

功效

清热除烦，降压安神，用于肝阳、风热、精神紧张性头痛。

材料

西芹200克，鲜百合、水发黑木耳各50克，葱花少许。

调料

盐、鸡精各适量。

做法

1 将西芹去叶，清洗干净，切成斜片；鲜百合切成小片，洗净；水发木耳洗净。

2 将西芹片、百合、木耳分别入开水锅中焯烫断生，沥水。

3 炒锅上火烧热，倒入油，下葱花爆香，放入西芹、百合、木耳快速翻炒，加盐、鸡精调味后即可出锅。

调养手记

◎ 此菜可清热除烦、平肝降火、降压安神，适合肝阳上亢、虚热上扰、紧张所致的头痛、头晕、焦虑抑郁、烦躁易怒、失眠、神经衰弱者常食。

◎ 便秘、津干口渴、肺燥热咳、高血压、高血脂、糖尿病患者也宜食用。

◎ 风寒咳嗽、虚寒腹泻者不宜多吃。

图书在版编目（CIP）数据

让女人气血更通畅的饮食调养书 / 余瀛鳌，陈思燕编著 . —北京：
中国中医药出版社，2018.4
（一家人的小食方丛书）
ISBN 978 – 7 – 5132 – 4712 – 2

Ⅰ . ①让…　Ⅱ . ①余… ②陈…　Ⅲ . ①女性 – 食物疗法 – 食谱
Ⅳ . ① TS972.164

中国版本图书馆 CIP 数据核字（2017）第 311783 号

中国中医药出版社出版

北京市朝阳区北三环东路 28 号易亨大厦 16 层
邮政编码　100013
传真　010-64405750
山东临沂新华印刷物流集团有限责任公司印刷
各地新华书店经销

开本 710×1000　1/16　印张 13　字数 168 千字
2018 年 4 月第 1 版　2018 年 4 月第 1 次印刷
书号　ISBN 978 – 7 – 5132 – 4712 – 2

定价　48.00 元
网址　www.cptcm.com

社长热线　010–64405720
购书热线　010–89535836
维权打假　010–64405753

微信服务号　zgzyycbs
微商城网址　https：//kdt.im/LIdUGr
官方微博　http：//e.weibo.com/cptcm
天猫旗舰店网址　https：//zgzyycbs.tmall.com

如有印装质量问题请与本社出版部联系（010-64405510）